安徽现代农业职业教育集团
服务"三农"系列丛书

Baojian Shucai Zaipei Shiyong Jishu

保健蔬菜栽培实用技术

谷业理　编著

北京师范大学出版集团
BEIJING NORMAL UNIVERSITY PUBLISHING GROUP
安徽大学出版社

图书在版编目(CIP)数据

保健蔬菜栽培实用技术/谷业理编著. —合肥:安徽大学出版社，
2014.1

(安徽现代农业职业教育集团服务"三农"系列丛书)

ISBN 978 - 7 - 5664 - 0668 - 2

Ⅰ. ①保… Ⅱ. ①谷… Ⅲ. ①蔬菜园艺 Ⅳ. ①S63

中国版本图书馆 CIP 数据核字(2013)第 293739 号

保健蔬菜栽培实用技术　　　　　　　　谷业理　编著

出版发行： 北京师范大学出版集团
安　徽　大　学　出　版　社
(安徽省合肥市肥西路 3 号 邮编 230039)
www.bnupg.com.cn
www.ahupress.com.cn

印　　刷：中国科学技术大学印刷厂
经　　销：全国新华书店
开　　本：148mm×210mm
印　　张：6.5
字　　数：171 千字
版　　次：2014 年 1 月第 1 版
印　　次：2014 年 1 月第 1 次印刷
定　　价：13.00 元
ISBN 978 - 7 - 5664 - 0668 - 2

策划编辑:李　梅　武溪溪　　　　　装帧设计:李　军
责任编辑:武溪溪　　　　　　　　　美术编辑:李　军
责任校对:程中业　　　　　　　　　责任印制:赵明炎

序

解决"三农"问题,是农业现代化乃至工业化、信息化、城镇化建设中的重大课题。实现农业现代化,核心是加强农业职业教育,培养新型农民。当前,存在着农民"想致富缺技术,想学知识缺门路"的状况。为改变这个状况,现代农业职业教育必然要承载起重大的历史使命,着力加强农业科学技术的传播,努力完成培养农业科技人才这个长期的任务。农业科技图书是农业科技最广博、最直接、最有效的载体和媒介,是当前开展"农家书屋"建设的重要组成部分,是帮助农民致富和学习农业生产、经营、管理知识的有效手段。

安徽现代农业职业教育集团组建于 2012 年,由本科高校、高职院校、县(区)中等职业学校和农业企业、农业合作社等 59 家理事单位组成。在理事长单位安徽科技学院的牵头组织下,集团成员牢记使命,充分发掘自身在人才、技术、信息等方面的优势,以市场为导向、以资源为基础、以科技为支撑、以推广技术为手段,组织编写了这套服务"三农"系列丛书,全方位服务安徽"三农"发展。本套丛书是落实安徽现代农业职业教育集团服务"三农"、建设美好乡村的重要实践。丛书的编写更是凝聚了集体智慧和力量。承担丛书编写工作的专家,均来自集团成员单位内教学、科研、技术推广一线,具有丰富的农业科技知识和长期指导农业生产实践的经验。

丛书首批共 22 册，涵盖了农民群众最关心、最需要、最实用的各类农业科技知识。我们殚精竭虑，以新理念、新技术、新政策、新内容，以及丰富的内容、生动的案例、通俗的语言、新颖的编排，为广大农民奉献了一套易懂好用、图文并茂、特色鲜明的知识丛书。

深信本套丛书必将为普及现代农业科技、指导农民解决实际问题、促进农民持续增收、加快新农村建设步伐发挥重要作用，将是奉献给广大农民的科技大餐和精神盛宴，也是推进安徽省农业全面转型和实现农业现代化的加速器和助推器。

当然，这只是一个开端，探索和努力还将继续。

安徽现代农业职业教育集团

2013 年 11 月

　　养生保健是人类生存的永恒话题,特别是当今我国人口步入老龄化时代,亚健康人群的出现和环境污染的日益加剧,保健问题已被提到前所未有的认识高度。保健不仅表现为保持健康的体魄,减少疾病的发生率,也表现为保持旺盛的体质,提高生命的质量,更好地投入到生产工作中去,为实现人类美好的未来做出自己的贡献。

　　饮食与保健是我国饮食文化的重要特色之一,应用食物的营养和特殊活性物质来预防疾病、推迟衰老、保持健康、延年益寿,在我国传统的饮食文化中有其独特的地位和作用。药补不如食补,食补同样能起到扶正固本、增强抵抗力的效果,甚至还更安全。

　　蔬菜是人们每日不可缺少的副食品,它所具有的营养保健功能是其他食物无法提供的。有些常见蔬菜不但营养丰富,而且还有其鲜为人知的特殊功效。特别是保健蔬菜,含有多种维生素、矿物质、纤维素、微量元素、酶以及芳香物质等多种人们生活中必需的营养保健活性物质,是人们食补应用最广泛、最普遍、最适用、最经济、最安全的保健食品。

　　我国广袤疆域的丰富植物资源和悠久的中医发展历史,为保健蔬菜的开发应用提供了得天独厚的优越条件,同时植物的栽培条件正在逐步改善,为保健蔬菜栽培南北交流提供了基础保障。保健蔬菜的栽培不仅能为广大市民提供无污染的纯天然的绿色食品,也为广大菜农发展低成本、高效益、无污染的蔬菜生产提供了新的模式，为农业产业结构调整，实现农业增产、增收提供了一种新的生产途径。

随着人们生活水平的提高、自我保健意识的增强，保健蔬菜愈来愈受到广大消费者的重视，其市场前景非常广阔。保健蔬菜产业化栽培在我国刚刚兴起，还有很长的路要走，如市场的开拓、消费理念的更新、品质的提高、驯化育种、标准化规范化栽培模式的研究等方面都有待进一步提升。有理由相信，保健蔬菜的栽培必将成为发展我国蔬菜栽培和保健事业一朵灿烂的奇葩。

本书结合自己多年来在保健蔬菜生产与科研实践经验，介绍了我国保健蔬菜开发利用和人工栽培的现状，对保健蔬菜的生产原则、分类、市场开拓和生产注意的问题提出了一些新的观点，详细阐述了有关保健蔬菜品种的营养保健作用、特征特性、栽培管理、食用方法等实用技术信息，分析了开发保健蔬菜所具有的经济效益及提高市场竞争力的生产技术手段。

本书观点新颖，内容丰富，覆盖面广，表述清楚，逻辑性强，语言通俗易懂，技术切实可行，不仅丰富了蔬菜栽培学内容，也是广大农民朋友致富的好帮手，同时对弘扬和丰富我国灿烂的饮食文化有着重要的促进作用。本书可作为初中以上文化农民发展保健蔬菜栽培的参考书，也可供广大科研工作者参考。

本书在编写过程中参阅了大量的资料，并得到安徽科技学院刘朝臣同志和彭光明同志的指导，在此表示感谢。由于时间仓促，加之编者水平有限，纰漏之处在所难免，恳请广大读者提出宝贵意见，不吝赐教。在此祝愿每一位读者种出效益和希望、吃出健康和长寿，过上幸福美满、高品位的饮食文化生活。

编　者
2013 年 11 月

目 录

第一章

保健蔬菜概述

保健蔬菜是指含有某些特定营养功能活性物质、维生素和矿物质,可以做菜、烹饪成为食品的,食用后有利于促进健康、延长寿命的,除了粮食以外的植物(多属于草本植物)。

蔬菜是人们日常饮食中必不可少的食物之一,可以提供人体所必需的多种维生素和矿物质。保健蔬菜不仅具有以上功能,而且还具有特定的功效,适用于特定人群,具有调节机体功能的作用,达到保养身体、预防疾病、增进健康、延年益寿的养生目的。

保健蔬菜是人体的机理调节剂、营养补充剂,必须对人体不产生任何急性、亚急性或者慢性危害,食用保健蔬菜并不能以治疗疾病为目的。

一、保健蔬菜的开发意义及特点

1.开发保健蔬菜的意义

保健蔬菜有利于改善人们的膳食结构,提高人们的健康水平和生活质量,具有广阔的消费市场。随着我国老龄化时代的到来和人们生活水平的不断提高,蔬菜膳食结构的调整备受关注,人们迫切希望能够从每天食用的蔬菜中获得更多、更丰富的营养,以取代昂贵的滋补品。保健蔬菜品种多,富含较丰富的营养成分,恰好可以为人们提供保健的功能。我国营养学家对全国各地的近百种保健蔬菜进行了化学成分分析,发现其营养价值比许多普通蔬菜高出几倍甚至几十倍。

发展保健蔬菜生产有利于增加农民收入。保健蔬菜属于珍稀品种范畴,发展保健蔬菜种植,有助于调动种植者的积极性,达到特菜特价、优质高价的效果,提高单位面积产值,从而增加农民收入。

保健蔬菜是全天然绿色食品,发展保健蔬菜生产有利于提高食品安全系数。保健蔬菜抗逆性强,生产过程中病虫害少,危害轻,一般少用或不用农药,肥料也以有机肥为主,符合有机蔬菜生产质量要求。

发展保健蔬菜有利于促进创汇农业的发展。一方面,西欧和东南亚等国家都把保健蔬菜誉为"健康食品"、"天然食品",在许多国家兴起了"保健蔬菜热",对保健蔬菜需求日益增加,保健蔬菜出口大有前途;另一方面,蔬菜生产属于劳动密集型产业,一些发达国家劳动力费用高,加大了生产成本,使蔬菜产品自给率下降,因而发展保健蔬菜生产出口,适宜我国现在国情,很有发展前途。

开发保健蔬菜栽培技术是开发我国保健食品的重要途径。保健蔬菜中含有众多人体生理需要的活性物质,这些活性物质的提取和功能性研究,为开发多功能保健食品打下了基础,如蔬菜汁保健饮料等。

保健蔬菜具有很高的育种价值,是培育蔬菜新品种的种质库。有效地保护、利用保健蔬菜资源,对于培育蔬菜新品种、改良现有的当家品种都具有重要的意义。

2.保健蔬菜的主要特点

(1)资源丰富 我国保健蔬菜资源丰富,种类繁多。野生保健蔬菜在我国就有6000余种,常被零星采食的也多达100余种。然而,我国目前对野生植物的开发利用量只有其蕴藏量的5%左右,大量的保健蔬菜资源仍处于待开发利用状态,基本上是自采自食或零星销售,很难形成产业规模,不能变为社会财富。随着人们对饮食保健的不断需要,为了更好地开发利用我国丰富的保健蔬菜资源,保护生态环境,使保健蔬菜能够健康、稳定、可持续地发展,有必要对其栽培技术进行综合研究,大力发展保健蔬菜新兴产业。

(2)适于多种栽培形式　保健蔬菜中叶类和根茎类菜大都为耐寒或半耐寒性蔬菜,生长适应范围很广,适用于不同形式的栽培。保护地栽培主要有小拱棚、改良阳畦、塑料大棚等排开播种,可多茬生产周年供应。有些蔬菜(如生菜、菊苣)还可利用无土栽培、水培、软化栽培、假植等形式进行生产,达到一年多茬的目的。

例如结球生菜、大叶茼蒿、羽衣甘蓝等,其产品形成不需要很高温度,白天 20～24℃、夜间 12～14℃ 即可满足其生长要求,因此,除了春秋露地栽培以外,还适用于冬季保护地生产。彩色辣椒、樱桃番茄等喜温性蔬菜的生长周期长,冬季生产多采用日光温室或普通型温室。

(3)经济价值高　保健蔬菜由于品质好,营养价值高,而且生产数量相对较少,所以经济价值较高。同时,有些种类因生长期短,复种指数高,投入相对较少,则经济效益更为明显。如樱桃萝卜 20～30 天收获一次,一年可生 10 茬以上。生产中樱桃萝卜除了进行间作套种以外,还常利用温室前沿、四周边沿、畦埂等空隙地进行种植,这样既能满足市场需求,又能充分利用温室面积,增加收入。

(4)适于净菜上市和精细包装　保健蔬菜色泽鲜艳,外形新颖美观,适于净菜上市和进行精细包装,有利于提高档次和吸引消费者,经过包装后也可作为礼品送给亲朋好友。元旦、春节等节日蔬菜礼品箱就是近年来兴起的一个"大礼包",它不仅让人品尝到特菜风味,还丰富了节日气氛,传递了亲情、友情。

3. 正确对待保健蔬菜

从保健蔬菜的定义出发,依据我国保健食品管理有关规定,开发利用保健蔬菜应注意以下几个问题。

(1)保健蔬菜属于蔬菜,但不是普通蔬菜 保健蔬菜应符合中国食品法律规定的内容:"食品应当无毒无害,符合应有的营养要求,具有相应的色、香、味等感官性状。"

(2)保健蔬菜有适宜人群 有的学者把人群按健康状态分为三类:第一种是健康人,占 10%;第二种是患各种疾病的人,占 20%;第三种是处于亚健康状态的人,占 70%。亚健康是导致形形色色疾病的原因,如不进行调整,可持续几年乃至一生。这部分人群最需要保健食品的呵护,即应根据不同情况,选用具有相应功能的保健蔬菜。

(3)保健蔬菜不是药物 保健蔬菜只是用于调节机体某种功能,而不是治疗疾病用的药物,不是说吃了保健蔬菜就能立刻见效,而要坚持一个阶段才能见到效果。

(4)避免盲目宣传 消费者在选择保健蔬菜时,要仔细研究保健蔬菜的有效活性成分,结合自己身体情况合理食用,生产者和销售者不可盲目宣传,误导消费。

4. 质量要求

如何取得保健蔬菜的优质高产,是始终贯穿于栽培过程中的首要问题。质量和产量相关联,甚至是矛盾的,质量应是第一位,劣质产品的生产只能是徒劳无功。

(1)形态要求 形态是产品的外在形状,比如大小、长短、粗细等,特别是出口商品,对形态的要求更是严格。如作为肉质根收获的蔬菜,根的长度、粗细和有无分枝等都是重要的质量标准。

(2)品质要求 保健蔬菜纤维化、木质化过程较快,会使其失去商品性能,因此适时收获尤其重要。如桔梗作为药用或食用必须在

1～2年内收获,第三年肉质根木质化,基本上失去使用价值。

(3)**无毒物残留** 保健蔬菜在栽培过程中尽量不要使用农药和化肥,即便使用农药也应是高效低毒无残留农药,且施用时与收获食用期保持较长一段时间。

二、保健蔬菜分类

保健蔬菜种类异常繁多,归于多个科属。由于保健蔬菜是近年来发展出来的新生事物,加上其本身的概念及界限比较模糊,所以很难进行明确分类。为了阐述、栽培方便,对保健蔬菜进行分类还是有必要的。分类方法主要有以下几种。

1.器官分类法

依据蔬菜生产的农业分类习惯,采用器官分类法。

(1)**食根类** 以食用直根或块根为主,如蕨菜、桔梗、野葛、白花菜、土人参等的根都可食用。

(2)**食茎类** 以食用根状茎、嫩茎、嫩茎叶和鳞茎为主,如荠菜、香椿、苜蓿、白子草、紫背菜、地肤等。

(3)**食叶类** 以食用嫩叶和叶柄为主,如苦苣菜、叶用甘薯、水芹、荆芥、薄荷、蒲公英、紫云英、藿香等。

(4)**食花类** 以食用花蕾、花和花序为主,如百合花、夜来香、蒲公英、黄花菜等。

(5)**食果或种子类** 以食用幼嫩果实、成熟果实和种子为主,如木田菁、仙人掌、茴香、荆芥、野豌豆、白扁豆等。

(6)**食嫩苗或成株类** 以食用嫩苗或成株为主,如荠菜、白花碎米荠、野苋、野茼蒿、小蓟、蒲公英、地肤、紫云英、马齿苋、马兰、苍耳、虎杖等。

(7)**其他类** 食用菌类有木耳、银耳、猴头、鸡腿菇、松茸等;藻类有发菜、地耳、螺旋藻、紫菜等。

2.功能分类法

依据蔬菜所含活性物质,采用功能分类法。

(1)具有调节人体节律功能 包括具有调节中枢神经和末梢神经功能、摄取功能、吸收功能的保健蔬菜。例如,黄花菜富含蛋白质、脂肪、钙、铁及维生素 B_2,被称为健脑菜,具有安定精神的功效;菠菜含有大量的叶绿素,具有健脑益智作用。

(2)具有预防疾病、促进康复功能 包括能够防治高血压、预防糖尿病、防止血小板凝固、预防先天性代谢异常、抗肿瘤、控制胆固醇、调节造血功能的保健蔬菜。例如,芦蒿具有降血压、降血脂、缓解心血管疾病等作用,是一种典型的降压保健蔬菜,芦蒿中抗癌元素硒的含量为23微克/千克,是公认抗癌食物芦笋的10倍以上;蒲公英中的硒含量达14.7微克/100克,具有抗癌作用;芦笋中含有的天门冬酰胺是一种能抑制癌细胞生长的物质。

(3)具有改善防御力、增强免疫功能 包括能够抗过敏、刺激淋巴细胞、赋活免疫功能的保健蔬菜。例如,萝卜含有木质素,可提高机体的免疫功能和杀伤细胞的活力;花椰菜能诱导产生干扰素,增强机体免疫力;苦瓜含有类喹啉样蛋白质,能明显增强细胞免疫力。

(4)具有抗衰老功能 包括能够抑制过氧化脂质生成、增加生物膜完整性的保健蔬菜。例如,香椿含有维生素 E 和性激素物质,有抗衰老和补阳滋阴的作用,有"助孕素"的美称;虎杖中的白藜芦醇具有防癌、抗癌、抗炎、抗过敏、抗氧化、抗衰老等突出功效;番薯叶富含维生素 A,具有抗氧化作用,能促进新陈代谢,抗衰老,去皱纹。

3.综合分类法

依据蔬菜来源和生产方式,采用综合分类法。

这种分类方法是一种创新。它最直观,最易使生产者及消费者对蔬菜和保健知识产生联想,范畴更加广泛,基本上涵盖人们对保健蔬菜种类研究的最新成果,既体现了人们对传统型保健蔬菜的认识,又反映了现代科学技术与传统生产模式的结合。本书按照这一分类方式从宏观和微观上对保健蔬菜栽培技术进行阐述,以期系统性介绍保健蔬菜栽培管理技术研究的发展趋势。

(1)**野生珍稀型** 野生蔬菜是指至今仍自然生长在山野荒坡、林缘灌丛、田头路边、沟溪草地等,未被人工栽培、未被广泛栽培或未被积极栽培开发利用的可供人们食用的植物的嫩茎、叶、芽、果实、根以及部分真菌、藻类植物的总称。

(2)**药食同源型** 根据卫生部公布的既是食品又是药品的药食兼用品名单和人们在长期的生产和生活实践应用中积累的丰富经验,将部分作为蔬菜食用,以此达到预防保健和治疗疾病目的的中药材植物称之为药食同源型蔬菜。

(3)**特种新奇型** 主要是指从国外引进,或科研工作者通过对植物基因的挖掘和重组或遗传变异,而形成的新的保健蔬菜品种。

(4)**强化营养型** 强化营养型保健蔬菜简单地讲就是普通蔬菜富营养化,就是利用普通蔬菜进行生物转化或采用合成方法,将普通蔬菜中原先没有的营养元素生产出来,或者进一步提高营养元素的含量,或者转变成人体可以吸收利用形式,或者有利于降低对人体健康有潜在危害的成分,从而达到促进人体健康的目的。强化营养型保健蔬菜是功能性农业发展的重要体现。

三、保健蔬菜主要功能

1.营养作用

食用保健蔬菜是人们摄取营养物质的重要途径之一。保健蔬菜营养丰富,含有人体必需的维生素、矿物质、碳水化合物、蛋白质等,是人体所需维生素和矿物质的主要来源。

维生素是维持生命必不可少的一类有机化合物,它参与人体中许多重要的生理过程,如调节物质代谢、促进生长发育和维持生理功能等,与人体健康密切相关。由于人体自身代谢中不能产生维生素,因此人们主要通过食用蔬菜来满足身体必需维生素的需求。

2.排毒作用

人体总是处于内毒(体内代谢的废毒物质)和外毒(病原体、污染物、恶劣气候等)的包围之中,毒聚体内是百病之源,及时排毒则能预防疾病,增进健康。保健蔬菜具有增强通便、利尿和发汗排毒等效果。

保健蔬菜含有较多的纤维素,对人体健康有很大作用。它可使人们肠胃中的食物变成疏松状态,增加与消化液的接触面,容易消化;还能促进肠道蠕动,使食物残渣和有害的代谢物质顺利排出体外,从而达到排毒效果。

3.调节酸碱平衡

体液酸碱平衡是人体的三大平衡之一(体温平衡、营养平衡、体液酸碱平衡)。占体重70%的人体体液有一定的酸碱度,并在较窄的范围内保持稳定,这种酸碱平衡是维持人体生命的重要基础。健康人体内环境的 pH 保持在 7.35~7.45 的范围内,只有当体液呈这种弱碱性时,身体的免疫力才最强,不易患病。人体以肺脏、肾脏及皮肤来调节酸性体液至标准的微碱水平。如果这一平衡被打破,体液酸性偏高,就会影响生命的正常活动频率,并导致各种疾病。

当食物被人体消化及代谢后,体液会因食物的酸碱性而受影响,因而每日的饮食是影响体液酸碱度的重要因素。从食品的性能来看,动物性食品多呈酸性;植物性食品多呈碱性。水果及保健蔬菜中的叶绿素及钙、磷、铁、钾等矿物质,在人体内产生盐基,可以中和米、面、肉、鱼等食品所产生的酸素,从而协助平衡体内的 pH,确保体液处在正常的 pH 范围内,所以食用保健蔬菜对调节人体内酸碱平衡、保持健康有重要的促进作用。

4.杀菌作用

保健蔬菜往往含有多种抗菌物质,是一种天然抗生素。多食保健蔬菜,有助于减少滥用抗生素的风险。如葱蒜类、马齿苋、蒲公英等蔬菜,都含有丰富的广谱杀菌素,对各种球菌、杆菌、真菌、病毒都有杀灭和抑制作用。我们平时常吃的蔬菜里,也有一些具有抗菌作用,榨成汁后饮用,效果更好。如圆白菜汁和黄瓜汁,其中所含的硒有助于增强人体内白细胞的杀菌能力,对牙龈感染引起的牙周疾病有一定的疗效。西红柿等酸味蔬菜可促进胃液生成,增加胃酸,降低因胃液分泌不足而引起的病菌繁殖。

5.抗癌作用

很多保健蔬菜都含有抗癌活性物质,对癌症的预防与治疗都有着重要作用。如药食型蔬菜虎杖中所含的白黎芦醇,具有明显的防止细胞癌变和恶性肿瘤扩散的作用,被誉为继紫杉醇之后的又一新型绿色抗癌药物,是 21 世纪的抗癌新星。菜用红薯被称为"抗癌之王",其中含有一种叫氢表雄酮的化学物质,可以用于预防结肠癌和乳腺癌。芦笋在国外被誉为最理想的保健食品,被列为世界十大名菜之一,它富含组织蛋白中的冬酰胺酶,这是一种"使细胞生长正常化"的物质,能有效地控制癌细胞生长;此外,还含有丰富的核酸,对癌症有"摊平"作用。

保健蔬菜还具有降脂、降压、降糖、减肥和抗衰老、美容等作用,对人体的血液循环、消化系统和神经系统也有调节功能,因而在维持人体正常生理活动和增进健康方面有着举足轻重的地位。保健蔬菜品种繁多,价廉物美。由于种类品种不同,所含营养成分不一,因此只有合理选择调配,才能满足人体的不同需要,以利于身体健康。

四、保健蔬菜生产原则

保健蔬菜生产必须以市场为导向,以效益为中心,以科技为支撑,抓住有机绿色保健蔬菜生产和产业主导型两个突破口,充分发挥规模优势,推进蔬菜产业一体化经营,增强市场竞争力,优化农村经济结构和农业产业结构,促进农村经济发展,增加农民收入。

1.高新化

要切实发挥技术进步的内在动力作用,促进优势保健蔬菜产业持续健康发展。组织保健蔬菜种植关键技术和共性技术攻关,大力加强新技术、新品种、新模式的开发和引进,充分发挥科技的支撑和引领作用。积极推广应用新材料、新装备,不断提高设施化水平。研究开发深加工技术,延长保健蔬菜的价值链。

2.优质化

要十分重视保健蔬菜的生产质量,牢固树立品牌意识,创立品牌农业,通过品牌效应去占领市场,扩大市场份额。制定保健蔬菜生产的标准化技术规程,积极发展无公害、绿色及有机蔬菜;建立健全市场检测体系,禁止在保健蔬菜上使用高毒高残留农药等。把无公害、绿色及有机蔬菜生产、净菜上市和创立品牌农业结合起来,将其作为蔬菜生产中新的增长点和结构调整的重要内容。

3.基地化

实行保健蔬菜生产的区域化,着重提高保健蔬菜生产的规模化、专业化和设施化栽培水平,不断提高抗御自然灾害的快速反应能力,提高保健蔬菜产业的竞争力。根据土地、人口、水源、保健蔬菜品种等资源条件及蔬菜种植的技术要求和产业基础,建立优势保健蔬菜生产基地,进行合理布局,形成合理规模的生产能力,以取得较好的规模效益。

4.市场化

一是要建立市场体系和信息网络体系,及时反馈各地市场的批发价格和主要产地的蔬菜生产状况,沟通、衔接蔬菜产销市场。二是要进行市场预测,既要研究现实市场,更要研究潜在市场,要根据消费者需求向多元化、多样化、营养化和保健化的方向发展,及时调整生产布局和品种结构,发展适销对路产品。三是要下大力气去开拓新的地区市场和潜在市场,通过宣传扩大产品的知名度和引导消费。四是要积极发展"订单农业"。

5.一体化

要积极发展产销一体化、种植加工一体化和科研、生产、销售一体化。通过产销一体化,使千家万户的小规模生产实现标准化,并与千变万化的大市场较好地衔接起来。通过种植加工一体化,促进优势特种蔬菜种植的规模化和农业生产的工业化。通过科研、生产、销售一体化,进一步提高优势保健蔬菜产业的市场反应速度,降低经营成本,增强市场竞争力。

五、保健蔬菜的市场开发

1.开发保健蔬菜的市场限制因素

(1)习惯性消费制约了保健蔬菜的销量 由于长期形成的蔬菜食用习惯,普通蔬菜作为主体的消费格局不可能发生太大变化,而保健蔬菜对于人们来说只是时尚、新奇,常作为消费的辅助菜肴看,销量较小,销路不通畅。

就目前我国保健蔬菜的销售情况来看,主要销售渠道是宾馆、饭店、大中型超市、礼品装箱菜、观光旅游采摘等。由于受到消费习惯和生活水平的限制,对于大多数城市居民来说,保健蔬菜的消费只是偶尔性的,远远没有占据蔬菜消费的主流。因此,仅靠少数人长期消费或多数人偶尔消费一次保健蔬菜是不够的,其销量肯定有限,必然会限制保健蔬菜规模化生产和发展。

(2)**保健蔬菜的质量有待进一步提高** 我国的保健蔬菜生产尚处于初期发展阶段。栽培技术不规范,管理制度不健全,所产保健蔬菜大小参差不齐,色泽差,有斑病、虫眼,上市前未加修整,无包装,不分等级,这是我国保健蔬菜产品普遍存在的问题。

保健蔬菜驯化引种、功能开发研究不够深入。有些蔬菜纤维素含量高,口感差;有些蔬菜产量低,上市时间短暂,生产者无法规模化生产;有些蔬菜直接从野外采摘供应市场,食用安全性差等。以上这些都对保健蔬菜的生产产生了不利影响。

(3)**宣传力度不够** 人人都想保健,但又不知道如何保健。由于宣传力度不够,人们还不了解保健蔬菜的营养价值和食用方法。因此,采取多种形式加大宣传力度是开发利用保健蔬菜的关键。

(4)**价格太高,大众消费受阻** 保健蔬菜一开始只是作为贡菜、礼品,价格昂贵,似乎与普通消费者不相关,大众消费受阻。只有扩大规模,增加科技含量,降低生产成本,让普通人消费得起,才有可能保护生产者和消费者双方的利益。

(5)**保健蔬菜栽培品种有待进一步规范** 保健蔬菜品种同种异名、异种同名等现象十分严重,更有甚者为了自身宣传需要,随意冠之保健蔬菜各种美名,让消费者无所适从。

2.开发保健蔬菜的风险防范

(1)**栽培风险** 保健蔬菜的生长和发育受一定环境条件的影响,某种菜在一个地方种植可以食用,而在另一个地方则是草,质量差,不宜食用。因此,引种之前一定要进行充分的论证,同时也可创造适宜的小气候条件,适当发展保健蔬菜生产。保健蔬菜生产过程中会受到各种自然灾害的影响,必须做好充分的预案。

(2)市场风险

①消费者接受程度风险。目前,保健蔬菜因其具有新、奇、特等特点,还不具备大众化的条件,消费群体较少,如何通过市场细分发掘潜在消费群体是关键所在。只有做好无公害保健蔬菜在安全、营养、保健方面的宣传工作,才能壮大消费群体,扩大消费市场。

②同质化竞争风险。保健蔬菜进入市场后,如果取得成功,在利益驱动下,将出现大量模仿者。从栽种技术方面来看,保健蔬菜种植技术简单,准入门槛低。要在可能出现的同质化竞争中获胜,唯有通过市场,建立良好的销售渠道和值得消费者信赖的品牌。

③低附加值产品的价格风险。由于保健蔬菜采收后便可出售,属于原生态的农产品,附加值不高,随着产品的推广和种植竞争对手的增加,价格会在市场作用下逐渐下降,直至利润降到很小。要在市场的价格战中获胜,需要制定好产品的价格策略,同时要把保健蔬菜加工或包装成附加值高的新产品。

(3)食用风险　不少保健蔬菜由于含有一定的活性物质,对于不同体质的人群也许会产生不同的反应,有的甚至是不良反应,会表现出一定的毒性。因此,食用保健蔬菜是一个适应、适量、适宜的过程,不能以偏概全,否定保健蔬菜的作用。

3.开发保健蔬菜的有效途径

(1)提高品质,向市场提供适销对路的保健蔬菜　蔬菜是人们日常必不可少的食品,基本要求是色泽鲜艳、营养丰富、口感好。因此,提高品质对开拓保健蔬菜市场有着积极的促进作用。

首先是积极调整保健蔬菜品种结构,增加不同花色品种搭配。其次是积极推行无公害绿色农产品生产规范化技术体系应用,提高保健蔬菜商品质,满足口感好、无污染、纯天然、营养丰富的市场质量需求。再次是优化生产模式,促使保健蔬菜与普通蔬菜形成上市季节差。

(2)改变保健蔬菜经营模式,构建产品品牌 应从以往的经营蔬菜向经营品牌转变,传统的蔬菜经营模式已经不能适应市场发展的需要。传统经营模式是:种植户推着板车,或挑着箩筐,头顶烈日进城走街串巷吆喝叫卖,辛苦自不用说,有时赚的钱还不够路费和饭钱。保健蔬菜是以城市为中心的集中销售,由日常普通消费变成时尚高档消费,因此,申请注册自己的保健蔬菜品牌商标,名正言顺地进入城市市场就显得尤为重要。通过对商标品牌的建设,便于提高知名度和声誉,产品市场销路不仅会稳定提升,甚至可以发展订单农业,大规模发展保健蔬菜生产。

(3)农户联营成立合作社,积极开拓大市场 一家一户农民从事生产事务性管理还是有优势的,但面对变化多端的市场就显得无能为力了。现代产业化农业不再是一城一地的小农经济,必须从全国甚至全世界的市场需求出发,构建农产品统一大市场,从而为农业可持续发展提供有力的市场保证。通过联营,壮大农民保健蔬菜生产专业合作社,培育保健蔬菜经纪人就显得尤为重要。

经纪人就是消费者和生产者之间的一条纽带。蔬菜经纪人一方面参加国内各类交易会、展销会、推介会,宣传和推介特色农产品,广泛网罗各地客户,建立客户档案,不断了解掌握客户的需求,建立销售网络,疏通销售渠道;另一方面深入研究市场行情,专门建立菜农档案,对菜农的种植面积、品种、产量做详细调查、记载,引导菜农种植适销对路的产品,从而满足不同地点、不同时期和不同层次人群的消费需求,真正做到知己知彼,从而适时、适地、适合地销售保健蔬菜。

(4)转变政府职能,切实做好服务工作 地方政府应始终把农产品市场开拓作为发展农业生产工作的重点来抓,积极牵线搭桥,通过优质服务、政策鼓励,帮助农民和企业走出去闯市场。同时,还应积极通过招商引资,构建农产品交易中心,建立农产品加工贮藏龙头企业,延长产业链,增加农产品附加值。

六、保健蔬菜人工栽培现状及前景展望

保健蔬菜在我国人民心中有着很高的地位,是重要的植物资源,各地群众均有食用的习惯。随着我国城镇化建设的快速推进和人们生活水平的日益提高,对蔬菜的需求逐渐由数量消费型向质量消费型转变,蔬菜的构成也在向营养、质优、多样、新奇、精细、保健、无污染的方向发展。逐渐增加食用品质好、营养价值高、风味独特、大众喜爱的保健蔬菜种类和品种,提高蔬菜的营养水平,已成为蔬菜市场的发展趋势。

近年来,全国许多科研单位都开展了保健蔬菜资源利用和开发研究工作,上海、北京、江苏、广东、福建等省市保健蔬菜栽培发展迅速,已由过去单纯的自采自食转向人工集约化、无公害栽培和加工,面积不断扩大,栽培技术和管理手段逐渐规范化。在人们追求健康消费的愿望日益强烈的背景下,许多地方都在根据适宜的气候、土壤条件和食用习惯,建立保健蔬菜生产园区,积极发展保健蔬菜生产,为丰富菜篮子、提高菜农经济效益开辟新路。

保健蔬菜的开发、利用、研究和宣传,还处于起步发展阶段,远远赶不上形势发展的需要,满足不了人们保健消费的需求。中国是蔬菜生产大国,保健蔬菜的发展方兴未艾。蔬菜历史发展也告诉我们,新兴蔬菜的开发永远不会停下脚步,保健蔬菜的发展前景非常广阔。

第二章

野生珍稀型保健蔬菜栽培技术

野生蔬菜是指至今仍自然生长在山野荒坡、林缘灌丛、田头路边、沟溪草地等,未被人工栽培、未被广泛栽培或开发利用的可供人们食用的植物的嫩茎、叶、芽、果实、根以及部分真菌、藻类植物的总称。

野生蔬菜集营养、卫生、安全、保健于一体,是一种纯天然、无污染的绿色珍稀食品,已成为市场上热销品种,餐桌上的上等佳肴,越来越受到人们的青睐。开发野生蔬菜栽培对丰富和发展菜篮子工程,打造地方特色品牌农业,提高经济效益,必将发挥积极的作用。野生蔬菜的栽培开发利用已经成为了 21 世纪蔬菜土特产精品中的亮点。

一、黄花菜

黄花菜,学名 *Hemerocallis citrina Baroni*,属于百合科萱草属多年生草本植物,可食部为其花蕾,俗称"金针菜",黄花菜植株又名忘忧草、萱草。

黄花菜是一种营养价值高、具有多种保健功能的花卉珍品蔬菜。随着人们

图 2-1　黄花菜

生活质量的日益改善,黄花菜的需求量越来越大,且市场行情也一直看

好。种植黄花菜成本低、投产快、效益高,是发展高效农业的有效选择。

1.营养保健作用

黄花菜的营养价值很高,每100克中含蛋白质14.1克、脂肪1.1克、碳水化合物62.6克、钙463毫克、磷173毫克,以及多种维生素,特别是胡萝卜素的含量很高,每100克干品高达3.44毫克,在蔬菜中名列前茅。

黄花菜性味甘凉,有止血、消炎、清热、利湿、消食、明目、安神等功效。现代科学研究证明,黄花菜具有较好的健脑、益智、抗衰老功能。日本科学家列举了8种健脑食品,其中把黄花菜列为首位,故其又名"健脑菜",对人体健康、胎儿发育特别有益,神经过度疲劳者宜大量食用,黄花菜对智力衰退的老年人无疑也是一剂良药。

近代医学证明,黄花菜对降低动物血清胆固醇有着很好的作用,而高胆固醇是中老年人常见的疾病,因此,不妨把黄花菜作为日常生活的蔬菜来食用,对防治脑出血、心脏病、动脉粥样硬化、神经衰弱等病症十分有益;民间还用它来治疗大便带血、小便不通、便秘和产后少乳等;黄花菜的根可以炖鸡,用于治疗贫血、月经量少、老年性头晕等。近年来,人们还发现黄花菜的根还具有抗结核和治疗血吸虫病的作用。

2.特征特性

(1)生物学特征 黄花菜是多年生直立草本植物,高0.3~1米。全株密被黏质腺毛与淡黄色柔毛,有恶臭气味。叶为具3~5片小叶的掌状复叶;叶柄长2~4厘米;小叶倒披针状椭圆形,中央小叶长1~5厘米,宽5~15毫米,侧生小叶依次减小,边缘有腺纤毛。花单生于叶腋,于茎上部逐渐变小,但近顶部则成总状或伞房状花序,花梗纤细,长1~2厘米;萼片狭椭圆形至倒披针状椭圆形,长6~7毫米,宽1~3毫米,有细条纹,背面及边缘有黏质腺毛;花瓣淡黄色或橘黄色,倒卵形或匙形,长 7～12 毫米,宽 3～5 毫米,基部楔形有爪;雄蕊 10～20 枚,花丝比花瓣短,花期时不露出花冠外;子房无柄,圆柱形,长约 8 毫米,除花柱与柱头外密被腺毛,花期时亦不外露,子房顶部变狭而伸长,花柱长 2～6 毫米。果直立,圆柱形,密被腺毛,长 6～9 厘米。中部成熟后果瓣的先端向下开裂,表面有多条呈同心弯曲纵向平行凸起的棱。宿存的花枝长约 5 毫米;种子黑褐色,蒴果,千粒重 36 克,表面约有 30 条横向平行皱纹。无明显花果期,通常 3 月份出苗,7 月份果熟。

黄花菜有单瓣和重瓣之分,栽培黄花菜大多属重瓣,叶片宽厚、花大瓣肥,开花时间多在 6～8 月份间。单朵花的寿命只有 1 天,一般凌晨开放,日暮闭合。但其每枝花蕾达 40 多个,一花凋谢,其他花继开,所以整个花期较长。一般每亩[①]可收干花 150～300 千克,一次种植可以连续采摘 10～30 年。

(2)生物学习性

①无限现蕾习性。黄花菜为钟状花序,现蕾期长短不定,数量多少不一,只要营养条件满足现蕾的要求,植株就持续现蕾,直至营养匮乏而止。所以,黄花菜当年的产量由植物的营养状况而定,弹性特别大。

②分蘖习性。植株每一片叶的叶腋内都有一个潜伏芽,在适宜的条件下可萌发成分蘖,但是,常常只有部分腋芽萌发出来,形成新的分蘖,并逐渐长成能独立生长的植株。植株的分蘖能力不但与品种有关,也与种植密度、土壤肥力、植株本身营养状况有密切的关系。一般种植密度愈大,分蘖能力愈弱,反之愈强;土壤肥力愈高,分蘖能力愈强,反之愈弱;植株营养条件愈好,分蘖能力愈强,反之愈弱。因此,在栽植时要根据品种、土壤肥力等进行合理密植,以最大限度地发挥群体增产优势,获得理想的产量。

---

① 1 亩约等于 667 米^2。

③根系盘生习性。黄花菜的茎为短缩的根状茎,一般从夏季地上部枯死到第二年开花的一周年中形成一节茎,新生的肉质根着生在新形成的茎盘及根状茎上,着生部位逐年随新生茎盘上移,与韭菜的"跳根"相似。所以,进入盛产期的黄花菜强调培土,以防冬春冻伤新茎和新根,故有黄花菜"培土三寸顶施一遍粪"之说。

④无性繁殖习性。黄花菜除进行有性繁殖外,其茎也能进行无繁殖,而且茎的繁殖能力特别强,不但能防止植株退化,而且能达到提纯复壮的目的。随着切茎繁殖技术的问世,无性繁殖已成为黄花菜繁殖的主要繁殖方式。它具有繁殖系数高、操作简便、投资少、风险低等优点,已在全国推广普及。

⑤抗逆性强。黄花菜继承了忘忧草的野生特性,抗逆性很强,突出表现在以下几个方面。

高抗病虫为害:黄花菜的根、茎、叶中含有天然的杀虫杀菌剂,能靠自身的抵抗能力抗拒病虫为害,是罕见的不需要应用化学农药防治病虫害的植物。

耐旱耐涝:黄花菜的根系发达,耐旱能力极强,能常年生长在水分极度匮乏的路边,遇到特别干旱的年份,其他作物已经枯死而它仍能生长。它也非常耐涝,一半植株浸泡在水中,仅靠上半部的叶片进行呼吸还可继续生长,整株浸泡在水中1个月叶片虽然凋枯,根茎在水退去后仍能恢复生长。

耐瘠薄:能在废坑塘、沟边、路边等其他作物不能生长的废荒地里和盐碱地里生长。

耐寒:地下茎在经过-38℃的低温处理48小时后仍能生根发芽。但是,叶的耐寒能力不如根茎,经霜后易凋枯。

耐阴:能在树荫下生长,且生长情况良好。

⑥适应性广。适生范围广,在我国大部分地区均可栽培。尤其以河南、安徽、陕西、山西、甘肃、湖南、江苏等省种植后表现更为突出,已成为当地主要的保健蔬菜品种。

3.栽培技术

(1)主要品种 黄花菜的品种按成熟时间可分为早熟、中熟及迟熟3种类型。早熟型有四月花、五月花、清早花等;中熟型有矮箭中期花、高箭中期花、猛子花、茶条子花、粗箭花、高垄花、长嘴子花等;迟熟型有倒箭花、细叶子花、中秋花、大叶子花等。

(2)生育阶段及栽培季节 一年中黄花菜分为7个生育阶段:2月份至3月中上旬为萌芽期,3月中旬至5月下旬为展叶期,5月下旬至6月中旬为抽薹期,6月中旬至7月上旬为萌蕾开花期,7月上旬至8月上旬为采后枯叶期,8月上旬至秋季初霜前为秋季展叶期,霜后至翌年1月份为休眠期。

黄花菜一般在春季和秋季栽培为好。春季一般在4月下旬至6月上旬,秋季从下霜开始到上冻前都可以进行栽培。近年来,很多地区不仅看中了黄花菜的经济效益,还特别看重耐寒黄花菜的环境效益和社会效益。耐寒品种黄花菜的繁育成功,对东北地区城市绿化、荒山荒坡绿化、河流堤坝固土防沙都取得了令人满意的效果。

(3)栽培管理技术

①选地。对土壤要求不严,在砂土、黏土、平川、山地等条件下均可种植。但以红黄土壤最好。

②深翻整地。黄花菜是多年生植物,在翻耕土地时应注意深翻耕,深翻土壤有利于根系生长,翻地深度20~30厘米,搂平、打埂、修渠、做畦。为便于以后的日常管理,畦宽以1~1.5米为宜,畦长不限,以方便为原则。

③繁殖。

种子繁殖:这是快速生产种苗的方法,但黄花菜种子发芽率低,必须先浸种催芽,播后1年方可定植。

分株繁殖:选健壮、无病害株丛,在花蕾采收完毕到秋苗抽生前,挖取株丛的1/4~1/3分蘖作为种苗,连根从短缩茎切分,剪去衰老根和块状肉质根,将长条肉质根剪短即可栽植。

切片繁殖:在8月下旬至10月上旬,取老黄花菜植株,剪除绿叶,留5～7厘米长的根系,用小刀均匀地切成2～5片,然后用800～1000倍多菌灵或托布津浸泡20～30分钟,然后栽植。

分芽繁殖:黄花菜根状茎两侧排列着无数隐芽,顶端着生主芽和侧芽,人为地破坏其顶端优势,能够促进侧芽萌发,可用分芽的方法提高繁殖率。

组织培养繁殖:为达到速度快、质量好、成本低、效率高的目的,也可采用工厂化组培育苗技术。

④定植。

合理密植:合理密植可以发挥群体优势,增加分蘖、抽薹和花蕾数,达到提高产量的目的。一般多采用宽窄行栽培,宽行60～75厘米,窄行30～45厘米,穴距9～15厘米,每穴栽2～3株,栽植0.3万～0.5万株/亩,盛产期达10万～15万株/亩。

适当深栽:黄花菜的根群从短缩茎周围生出,具有1年1层、自下而上发根部位逐年上移的特点,因此适当深栽有利于植株成活发旺,适栽深度为10～15厘米。植后应浇定根水,秋苗长出前应经常保持土壤湿润,以利于新苗的生长。

⑤管理。

中耕培土:黄花菜为肉质根系,需要肥沃疏松的土壤环境条件,才能有利于根群的生长发育。生育期间应根据生长和土壤板结情况,中耕3～4次,第1次在幼苗正出土时进行,第2～4次在抽薹期进行,结合中耕进行培土。

施肥:黄花菜要求施足冬肥(基肥),早施苗肥,重施薹肥,补施蕾肥。冬肥(基肥):应在黄花菜地上部分停止生长,即秋苗经霜凋萎后或种植时施用,以有机肥为主,施优质农家肥2000千克/亩、过磷酸钙50千克/亩;苗肥:苗肥主要用于出苗、长叶,促进叶片早生快发,苗肥宜早不宜迟,应在黄花菜开始萌芽时追施,追施过磷酸钙25千克/亩、硫酸钾 25 千克/亩;薹肥:黄花菜抽薹期是从营养生长转入生殖生长的重要时期,此期需肥较多,应在花薹开始抽出时追施,追施尿素 25 千克/亩、过磷酸钙 20 千克/亩、硫酸钾 20 千克/亩;蕾肥:蕾肥可防止黄花菜脱肥早衰,提高成蕾率,延长采摘期,增加产量,应在开始采摘后 7～10 天内,追施尿素 20 千克/亩。同时,采摘期每隔 7 天左右叶面喷施 0.2% 磷酸二氢钾,加 0.4% 尿素、1%～2% 过磷酸钙水溶液(经过滤),另加 15～20 毫克/千克九二○于 17 时后喷 1 次,对壮蕾和防止脱蕾有明显效果。

适时灌水:黄花菜在抽薹期和蕾期对水分敏感,此期缺水会造成严重减产,表现为花薹难产,有时虽能抽生,但花薹细小、参差不齐,落蕾率高,萌蕾力弱,蕾数明显减少,因而应根据土壤情况适时灌水 2～3次,避免因干旱而造成减产。

(4)病虫害防治 黄花菜的主要病虫害有锈病、叶枯病、叶斑病、红蜘蛛和蚜虫等。

锈病:发病初期用 15% 粉锈宁可湿性粉剂 1500 倍液或 12% 腈菌唑乳油 1000 倍液进行叶面喷施防治,每隔 7～10 天喷 1 次,共喷 2～3次。

叶枯病、叶斑病:常用等量式 0.5%～0.6% 波尔多液或 75% 百菌清可湿性粉剂 800 倍液进行叶面喷施防治,出现病害后 7～10 天喷 1 次,共喷 2～3 次。

红蜘蛛:用 15% 扫螨净可湿性粉剂 1500 倍液或 73% 克螨特 2000 倍液喷雾。

蚜虫:用马拉硫磺乳剂 1000～1500 倍液等喷洒。

4.采收加工方法

采收黄花菜的最适期为含蕾带苞,即花蕾饱满未开放、中部色泽金黄、两端呈绿色、顶端乌嘴、尖嘴处似开非开时。黄花菜采摘时间要求极为严格,过早过晚均不好,太早则为青蕾,糖分含量少,鲜蕾重量轻、颜色差,造成成品色泽差,产量低;过迟采摘花蕾成熟过度,出现裂嘴松苞,且汁液易流出,产品质量差,不易保藏。采收季节一般为6月份至8月底。采收适期为花蕾刚在裂嘴前1~2小时,这时黄花菜产量高,质量好。采摘的最佳时间为13~14时。采回的花蕾要及时蒸制,以防裂嘴开花。黄花菜的干制方法有自然干制法和人工干制法。

自然干制法:选择晴天的清晨,将采摘的新鲜黄花菜包裹在塑料纸袋中,置于高温下焖晒2~3小时,然后摊在水泥地或木板上暴晒,摊晒时花蕾以尽量不要重叠为好,每隔2~3小时翻动1次。如果天气晴好、地面温度在35℃左右,经2天左右就可干制好。

人工干制法:先将采摘后的新鲜黄花菜放在蒸笼中,用大火烧开水后,再用小火焖2~3分钟,当花蕾不软不硬、颜色变淡时即可。出锅后不能马上烘晒,否则其中的糖分不能充分转化。出锅后稍晾片刻后均匀摊在水泥地上或木板上暴晒。为防止返潮,晚上需收回。这样暴晒2天左右即可。如果要烘干,烘房温度要先升至85℃左右,然后把蒸好的黄花菜放进去,黄花菜吸热后可使温度降低,当温度降至60℃左右时保持10~12小时,再待温度自然降低至50℃,保持该温度条件直到烘干为止。

无论用自然方法还是人工方法干制黄花菜,一般待干制花蕾变成乳白色、用手抓一把捏紧后松开手可散开,就表明已经干制好(含水量≤15%),即可包装上市。

5.食用方法

黄花菜常与黑木耳等菌菜搭配同烹,也可与蛋、鸡、肉等做汤吃或炒食。黄花菜的做法也比较多,可用于煲汤、炒肉、涮火锅。如黄花菜炒鸡蛋:首先将干黄花菜用清水洗2遍,再用温水泡2小时左右,发开后摘洗干净,挤干水,码整齐,从中间切段。将鸡蛋打入碗内,加少许精盐、味精、料酒,搅拌均匀。其次炒锅注入花生油烧热,把鸡蛋炒熟倒入盘内。勺内留底油,烧热投入葱、姜丝,煸炒熟倒入黄花菜、鸡蛋,加少许料酒、精盐、味精,翻炒均匀,盛入盘内即可。

注意事项:黄花菜是湿热蔬菜,含粗纤维较多,患有皮肤瘙痒症者忌食,肠胃病患者慎食,平素痰多尤其是哮喘病者,不宜食用;新鲜黄花菜含有一定量的秋水仙碱,生食新鲜黄花菜可引起呕吐、腹泻等中毒症状。秋水仙碱遇水易溶,遇热易分解而失去毒性。

二、菊花脑

菊花脑又名菊花叶,学名 *Chrysanthemum nankingense* Hand.-Mzt. ,是菊科菊属多年生宿根草本植物。以嫩茎叶作菜用。嫩茎叶具有特殊的清香味,可炒食或汤食,为炎热高温季节重要的绿叶蔬菜之一。

菊花脑在南京地区人工栽培面积较大,已成为特色菜之一,备受市民欢迎。近年来,菜农利用竹支塑料大棚栽培,使菊花脑上市期比露地栽培提早 35～45 天,不仅品质优,而且效益高。

图 2-2　菊花脑

1.营养保健作用

菊花脑营养丰富,茎叶中除含有蛋白质、脂肪、纤维素和矿物质盐类外,还含有菊甙、腺嘌呤、氨基酸、胆碱、挥发油、黄酮甙和挥发类芳香物质,微量元素硒也很丰富。据分析,每 100 克新鲜菊花脑中,含有胡萝卜素 2.59 微克、钙 113.00 毫克、镁 37.00 毫克、蛋白质 4.33克、维生素 E 1.01 毫克、烟酸 0.60 毫克、铜 0.29 毫克、维生素 A 432.00 微克、磷 81.00 毫克、钠 31.60 毫克、铁 1.68 毫克、锰 0.65 毫克、硒 0.51 微克、维生素 B_2 0.15 毫克、钾 280.00 毫克、维生素 C 43.00毫克、碳水化合物 4.70 克、膳食纤维 1.13 克、锌 0.60 毫克、脂肪

0.34 克、维生素 B_1 0.04 毫克等。

菊花脑对人体有很好的药用保健功效,可消暑解渴润喉,清热凉血,健脾开胃,降压解毒,平肝明目,可用于各种皮肤病、高血压、高血脂、痈肿等症的辅助治疗,被誉为高档营养保健蔬菜,已成为城乡消费者越来越喜爱的特色蔬菜。

2.形态特征和生长适应性

(1)**形态特征**　菊花脑为草本野生菊花的近缘植物,冬季地上部分枯萎,早春萌发。植株茎秆纤细,半木质化。植株高 30～50 厘米,茎直立或半匍匐生长,分枝性较强,表面近乎光滑或上部稍有细毛。叶片互生,卵圆形或长椭圆状卵形,长 2～6 厘米,宽 1.0～2.5 厘米,叶面绿色,背面淡绿色;叶缘具粗大复锯齿状或二回羽状深裂,叶基梢收缩成叶柄,叶脉上具有稀疏的细毛,先端短尖,基部窄楔形或稍收缩成柄,柄具窄翼,秋季叶腋处抽生侧枝。10～11 月份开花结籽,花为头状花序,黄色,生于枝端,总苞半球形,直径 1.0～1.5 厘米。种子为瘦果,12 月份成熟。

(2)**生长适应性**　适应性强,耐贫瘠,不择土壤,一般在房前屋后、河边、田间路边均能生长,也可用于城市居民作为屋顶阳台盆钵蔬菜栽培。在土层深厚、富含有机质、排水良好、地力肥沃的土壤上进行成片种植则产量更高,品质更好。

抗性极强,具有一种特殊的菊香味,对病原微生物有较强的抑制作用,病虫害很少发生,栽培容易,因而是城市郊区夏季无公害叶菜类蔬菜种植的理想品种。

耐寒,忌高温。种子发芽要求 4℃ 以上的温度,发芽适温为 15～20℃,低于 5℃、高于 30℃ 时生长受阻。地下匍匐茎极耐寒,在长江流域可安全越冬。菊花脑成株在高温下产品品质差,产量低,一般 20℃ 左右采收的嫩茎、嫩叶品质较好。5～6 月份和 9～10 月份为最佳采收季节。

耐干旱而怕涝,发芽期要求土壤保持湿润,成株期在高温季节要勤浇水。

菊花脑属短日照植物,短日照有利于其花芽形成和抽薹开花,强光照有利于其茎叶生长,但在盛夏强光下应采取适当的遮光措施,以保证收获产品的品质。

菊花脑可一次种植多年收获,当年采收后既可割去地上部分枝条,也可让其自然越冬,注意早春适当剪除部分老桩。一般可连续采收 3～4 年,以后需更新重栽。

3.繁殖方法

(1)品种选择 菊花脑分大叶菊花脑和小叶菊花脑 2 种。小叶菊花脑叶片较小,叶缘浅裂,叶柄常呈浅紫色,品质差,一般不宜选择。大叶菊花脑又叫板叶菊花脑,其叶片宽,先端钝圆,叶缘浅裂,产量高,品质好,适宜保护地人工栽培。

(2)种子直播或育苗移栽法 在 3 月上旬播种,选择地势高燥、排灌方便的地块育苗。苗床宽 1.0～1.5 米,预先撒施腐熟的农家肥作基肥,施肥后深翻、耙平。苗床面积与大田面积之比为 1:10。播前先浇水,水渗下后再播种,可采用撒播或条播,每亩用种量0.5千克。菊花脑种子细小,为使其种子均匀撒在苗床上,常采用细沙与种子拌匀,播种后用铲子轻轻拍实,浇水,覆盖 0.5～1.0 厘米厚的细土,上面再覆盖一层塑料薄膜和拱棚,以保温保湿。经 7 天左右,小苗出土,及时揭去薄膜。齐苗前棚温控制在20℃左右,齐苗后白天 15～20℃,夜间不低于 10℃。2～3 片真叶时进行间苗,株行距 30 厘米,间出的苗可作种苗移栽。移栽时每穴 3～4 株,株行距 10 厘米×10 厘米。移栽前 7～10 天降温炼苗,苗龄 30～40 天。

(3)分株繁殖法 于 4 月上旬挖开老桩菊花脑根际土壤,露出根颈部,将已有根的侧芽连同一段老茎切下,定植到栽培地。也可把整株挖出,用手掰开,分成数株,分别栽种。分株繁殖的植株生长较快,但长期采用分株法繁殖,容易引起种性退化,产量下降。

(4)**扦插法** 扦插在5～9月份均可进行,可用细河沙、珍珠岩、蛭石等作为扦插床基质。扦插时剪取健壮无病虫的新枝作为插条,插条长8～10厘米。剪条时将下端剪成斜口,上端留1～2片叶,其他茎上的叶片全部剪去。为了保证切口不失水干枯,可将剪好的插条下端扦在清水中保湿,也可用生根粉溶液浸泡插条下端。菊花脑扦插不宜用2,4-D进行处理。

菊花脑插条经上述方法处理后,按行株距10厘米×3厘米将插条约2/3插入基质中,插后及时浇水,上面盖草保湿,加盖遮阳网遮阴。扦插后要经常浇水,以保持苗床湿润。当苗龄40天左右时再移栽到大田,按行株距40厘米×30厘米栽种,每穴栽1株,每亩约栽5500株。扦插繁殖的植株根系发达,生命力强,产量较高。

4.露地栽培技术要点

(1)**整地、种植** 用于种植菊花脑的地宜在冬季翻耕冻土,种植前施入腐熟的农家肥作基肥。土壤翻耕整平开厢,可采用直播、育苗移栽、分株移栽、扦插苗移栽等方法栽种。

(2)**菊花脑的田间管理** 菊花脑的抗逆力很强,种植后粗放管理也能生长,但要获得优质和高产,则要经常做好灌溉、追肥和中耕除草等各项工作,尤其是在播种和定植后畦面土壤不能干旱。夏季高温干旱期还要浇大水。每次采收后要及时追施肥料,每亩每次施尿素10千克或稀粪水750千克左右,促使嫩茎快发多生。

(3)**病虫害防治** 蚜虫用大功臣、功夫等药剂进行喷施。叶斑病用高锰酸钾或甲醛溶液进行消毒,用多菌灵或甲基硫菌灵喷洒。白粉病在发病初期用硫黄胶悬浮剂或粉锈宁可湿性粉剂进行防治。当发现有菟丝子寄生时,要及时清除。

(4)**采收和留种** 当株高15～20厘米时即可采收,剪取植株上部的嫩梢。露地栽培一般在4～5月份开始采收。采收盛期为5～8

月份,每隔半个月采收 1 次,直到 10～11 月份现蕾开花为止。采收次数越多,分枝越旺盛,勤采摘还可避免蚜虫为害。采收标准以茎梢嫩、用手折即断为度,扎成小捆上市。连片种植每亩一次可收获 150～200 千克,年产 4500～5000 千克。

采收初期用手摘或用剪刀剪下,后期植株长大,可用镰刀割取。采摘时,注意留茬高度,以保持足够的芽数,有利于保持后期高产,春季留茬 3～5 厘米,秋冬季留茬 6～10 厘米,春夏季可采 4～5 次,秋冬季可采 3～4 次。

留种用的菊花脑植株,夏季过后不要采收,任其自然生长,并适当追施磷肥和钾肥,以利于开花结籽。12 月份种子成熟后,剪下花头,晾干,搓出种子,一般每亩产种子 5～6 千克。采种后的老茬留在田里,翌年 3 月份又可采收嫩梢上市。

5.双膜覆盖早熟栽培技术要点

菊花脑双膜覆盖早熟栽培技术是利用其宿根多年生特性,在露地栽培的基础上,增加双膜覆盖,促其早熟的生产环节,可提早在 3月份采收上市。具体技术如下:

一般于 12 月中下旬将老植株平地割除。同时浅松土和施肥,每亩施腐熟的粪 3000～4000 千克,或腐熟饼肥 100～150 千克,然后浇透水,5～7 天后扣盖大棚,同时畦面用地膜平地浮面覆盖,大棚四周压紧压实。

大棚内温度晴天白天控制在 15～20℃,阴雨天比晴天低 5～7℃,夜间棚内温度控制在 10～15℃。温度过低将引起生长不良。棚内空气相对湿度宜控制在 70%～80%,湿度过大或土壤中水分含量过大都不利于菊花脑生长。

菊花脑为多次采收蔬菜,每采收 1 次,应深施一次追肥,每亩追施尿素 10～15 千克,施肥时将地膜揭开,施完肥再覆盖上去。到 3月底把地膜完全揭掉。

揭膜后继续按照露地栽培方式进行管理,从而达到增产增收的目的。

6.食用方法

菊花脑是民间餐桌上最常见的菜肴,如菊花脑鸡蛋汤,是夏日防暑清火的佳品。菊花脑不仅营养丰富,且有清热解毒、调中开胃、降血压之功效,是一种很有开发前景的野生蔬菜。

食用方法有菊花脑蛋汤、菊花脑炒肉片、菊花脑拌肚丝、菊苗鲜汤、虾珠氽菊花脑等。虾珠氽菊花脑色彩清新,味道鲜美,清暑解热;菊花脑蛋汤汤色青绿,具菊花脑香气,口味微麻,清热解毒,滋阴养肝,可用作烦热头痛、眩晕、红眼病、阴虚咳嗽等症的食疗;菊苗鲜汤汤色多彩,甜咸酸香,口味独特。

菊花脑香菇蛋汤做法。主料:100 克菊花脑,2 朵香菇,2 个鸡蛋。配料:适量油、盐、葱、胡椒粉、香油、姜。制作步骤:洗净菊花脑,洗净香菇。锅中水烧开后加少许盐,放入菊花脑焯烫过凉备用。炒锅倒油爆香葱、姜,倒入香菇丁翻炒。把炒过的香菇丁倒入砂锅中,加水煮开。淋入水淀粉,使汤汁浓稠。加入盐和胡椒粉调味。放入焯烫过的菊花脑。加入搅拌的鸡蛋,形成蛋花。淋入香油,搅拌均匀,关火。

注意事项:脾胃虚寒者应慎食菊花脑。

三、水　芹

水芹,学名 *Oenanthe stolonifera* D.C.,为伞形科水芹属多年湿生或水生宿根草本植物,别名野芹菜、水英、马芹、水芹菜、沟芹菜、刀芹、小叶芹、河芹等。水芹嫩茎及叶柄质地鲜嫩,可食用,是优质、高产、保健的蔬菜。

水芹在我国主要分布于河南、江苏、浙江、安徽、江西、台湾等省区。多生长于山区、平原的河边、溪流渠边及低湿地方。

野生水芹适应范围较广,生命力极强,很少或没有病虫为害,风味独特,而且目前国内外消费者对野生水芹菜的市场需求与日俱增。水芹被江苏一带人们称作"路路通",通常在春节期间被作为一道必不可少的佳肴端上餐桌,被寄予了人们美好的心愿和祝福。

图 2-3　水芹

1.营养保健作用

水芹嫩茎叶营养丰富,富含各种维生素、矿物质,每 100 克可食部分含蛋白质 1.8 克、脂肪 0.24 克、碳水化合物 1.6 克、粗纤维 1.0 克、钙 160 毫克、磷 61 毫克、铁 8.5 毫克、胡萝卜素 4.28 毫克、维生素 B_2 39 毫克、烟酸 1.1 毫克。水芹营养丰富,维生素 C 的含量是黄瓜的 8 倍,维生素 B_2 的含量是黄瓜、大白菜的 7 倍,钙的含量是番茄的 19 倍,铁的含量是大白菜的 38 倍、番茄的 29 倍。水芹还含有芸香苷、水芹素和槲皮素等。

水芹味甘辛、性凉、入肺、胃经,有清热解毒、养精益气、清洁血液、降低血压、宣肺利湿等功效,还可治小便淋痛、大便出血、黄疸、风火牙痛、痄腮等病症,具有明显的保护肝功能和心血管、抗过敏、降压、降血脂作用。

2.生物学特征特性

(1)特征　水芹主要有圆叶和尖叶两大类。

圆叶类型主要品种有无锡玉祁水芹,株高 50～70 厘米,茎上部直立,复叶轮廓为广三角形,长 7～15 厘米、宽 8～12 厘米。小叶片广卵形或卵圆形,茎较粗壮,幼嫩时多为薄壁细胞所充实,产品香味较浓,品质好,较晚熟。其次有常熟白种水芹,株高 50 厘米左右,复叶长 10 厘米、宽 9 厘米左右。小叶卵圆形,长 3 厘米、宽 2 厘米左右,叶黄绿色,较薄。茎秆中空,上部淡绿色,下部白绿色或白色,间有少许红褐色。单株可抽生分株 3～4 个,早熟。

尖叶类型主要品种有扬州长白水芹,株形细长,株高 70～80 厘米,最高可达 100 厘米。复叶长 20 厘米、宽 12 厘米左右,柄长约 30 厘米。小叶片尖卵形,茎中空,上部淡绿色,下部白绿至白色。中熟种一般在当地于 8 月下旬种植,12 月上旬至次年 3 月下旬采收。产量较高,每亩产 5000 千克左右,高产田可达 10000 千克。茎叶含粗纤维较多,品质中等。

(2)特性　温度。水生蔬菜多数都是喜温性植物,而水芹则为喜凉性植物,较耐寒而不耐热。其生长适温为 12～24℃,25℃以上生长不良,10℃以下基本停止生长。植株地上部能耐短时间 0℃的低温。

水分。水芹喜湿,不耐干旱。其生长的适宜水深为 5～20 厘米,苗期气温较高,如水位过深,淹没叶片,易造成土壤缺氧,使植株受伤,甚至窒息死亡;冬季气温较低,植株生长缓慢或停止生长,可以适当灌深水,保温防冻。

光照。水芹为长日照植物,要求光照充足,不耐荫。短日照条件下植株营养生长旺盛;长日照条件下,植株迅速进入生殖生长阶段,相继开花结实。

土壤营养。水芹要求土壤肥沃,保水力强,有机质含量达 1.5%左右,淤泥层达 20 厘米以上,土壤 pH 为 6～7。生产栽培力求营养器官脆嫩,肥料要求以氮为主,磷、钾适量配合;留种则要求氮、磷、钾、钙并重,以求种苗健壮。

(3)与毒芹的区别　我国野生水芹资源分布广泛,人们有野外自采食用的习惯。必须提出的是,有一种生长于华北、东北、西北等地的毒芹,幼苗的叶型与水芹相似,生长环境与水芹相同,但有剧毒,人畜误食可致死,应提高警惕。它们的明显区别是:水芹的茎和叶柄有锐棱,而毒芹的茎和叶柄为圆筒形,中空,有细沟。

3.高产栽培技术

水芹是冬春食用的优质保健蔬菜,一般生产周期是:3月份开始培育母种繁殖茎,8~9月份大田排种栽培,12月份至翌年3月份开始采收。

水芹的栽培方法有浅水栽培、深水栽培和旱田润湿栽培等,产品可软化也可不软化,不软化即直接收获青芹;如果软化,则对应的软化方法分别为深栽软化、深水软化、培土软化。

水芹大都采用浅水栽培方法,即在整个栽培过程中均采用浅水灌溉。在其不同生长阶段,水位深度变化在0~10厘米之间,最深不超过20厘米。浅水栽培的水芹,一般品质较好,营养成分含量较高,但产量略低于深水栽培。

(1)**水田选择** 应选择地势不过于低洼、能灌能排的水田。要求土壤含有机质1.5%以上,保水保肥力较强,淤泥层较厚,土壤微酸性到中性的田块。

(2)**选用品种** 所有水芹品种均可用于浅水栽培。但为求产品品质较好,多用圆叶类型的品种。同时该品种应符合当地的消费习惯。

(3)**整地施肥** 整地时应先放干田水,深耕细耙,耕深20~30厘米,每亩施有机肥(粪肥、绿肥或厩肥等)2000~3000千克、尿素15~20千克,整平,确保排灌均匀。

(4)**母种繁殖茎培育** 由于水芹不结种子或种子空瘪,但其匍匐茎各茎节易生根,从腋芽可萌芽出新的植株,所以在生产上,水芹的繁育主要是利用种茎进行"无性繁殖的二段育苗"技术。首先培育母种茎,再切割母种茎成短茎段撒入育苗田中,母种茎的休眠芽就会萌发,且长出新根,从而形成大量水芹苗。一般流程是:春季培育母种茎苗,秋季撒茎播苗栽培,冬季或早春采收。

①整地施肥。母种育苗田应选前茬未种芹类蔬菜且排灌方便的

田块,其面积与大田比例为 1:20。定植前 15～20 天,每亩施入腐熟的农家肥 2000 千克、45％复合肥 50 千克,进行精细耕耙,使肥料与土壤充分混合,做成畦,畦宽 1～1.2 米,沟深、宽各 20 厘米。

②母种茎苗定植。种植期一般在每年的 3 月份。定植前挖起老根(株),并对老根进行分棵,栽培密度为 20 厘米×20 厘米,每亩栽植 1 万株左右,定植后浇定根水并保持苗床湿润。

③田间管理。根据苗的长势撒施 1～2 次尿素进行追肥,病虫害主要是蚜虫和病毒病,一般轮作 3 年以上的种苗田极少发生其他病害,若发生需及时防治。到立秋后,母种株茎高达 1 米以上,每株有 8～10 个主茎,每条主茎上有多个茎节。

(5)母种茎催芽及大田排种

①催芽技术。水芹早熟栽培必须先行催芽,适期排种,才能达到早熟、早上市的目的。一般栽培则无须催芽,待气候适宜时排种,但生长和采收相应推迟。

催芽常在排种前 15 天左右进行,一般在 8 月上中旬,当气温降至 27℃ 左右时开始。先从母种茎培育田中收割老熟的母种茎苗,要求茎粗 1 厘米左右,剔除过粗、过细的母茎,理齐基部,除去杂物,捆成直径 30 厘米左右的圆捆,并剪除无芽或只有细小腋芽的顶梢。将捆好的母茎交叉堆放于接近水源的树荫下,堆底垫一层稻草,堆高一般不超过 2 米,堆上再盖一层草,早晚各洒浇凉水 1 次,降温保湿,保持堆内温度 20～25℃,以促进母茎各节腋芽萌发。每隔 5～7 天,于清晨凉爽时翻堆 1 次,冲洗去烂叶残屑,重新堆好。经 15 天左右,多数腋芽萌发长达 2～3 厘米时,即可排种。

②人工田间排种技术。母种茎催芽后,选阴天或晴天下午 3～4 时排种,以防烈日晒萎芽苗。母茎间相距 5～6 厘米,每亩需母茎 700～750 千克,密度为 12 厘米见方有一节芽。排种后保持沟中有水,畦面充分湿润而无水层,特别是催芽后排种的,要防止浅水日晒后升温过高,烫伤新根。

③直接割茎撒播(不需催芽)。在每年8月中旬至9月上旬收割母株茎,用剪刀把母株茎剪成10厘米左右短茎,每个茎上有1个茎芽(芽眼)。把剪好的茎种均匀地撒播在苗床上,密度也是以12厘米见方有一节芽为好,浇透水,覆盖草木灰或细土。搭遮阴棚,覆盖遮阳网或草帘,育苗7天内遮光率应达90%以上,日盖夜揭。7天后种茎上逐渐长出小苗,撒走遮阳网或草帘,但在强光照射时仍需覆盖,防止高温灼苗。育苗期苗床保持湿润,注意防治蚜虫及病害。

④间公苗、弱苗,留母苗、壮苗。播种出苗后由于气温较高,幼苗有种茎的养分供应,生长速度快,15天后需及时拔除匍匐茎(俗称"公苗")和病弱苗,水芹出现匍匐茎一般是由于高温、强光照射。

(6)大田管理

①水层管理。播苗后由于气温仍然较高,田间应保持湿润而无水层,防止积水和土壤干裂,如遇暴雨,应及时抢排积水,防止种苗漂浮或沤烂。排种后15~20天,大多数母茎腋芽萌生的新苗已长出新根和新叶时,排水搁田1~2天,使土壤稍干或出现细丝裂纹,以促进根系深扎,然后灌浅水3~4厘米。往后进入旺盛生长阶段,需持续保持浅水。

②分期追肥。水芹菜生长期间,一般追肥3次。第一次结合搁田追施速效氮肥,每亩浇施20%腐熟粪水或1%尿素水溶液1000千克,如基肥充足,新苗生长嫩而旺,这次追肥也可以不施。以后2次追肥在第一次追肥后每隔20天左右进行1次,用量比第一次追肥增加20%~30%,3次追肥必须做到有机肥和无机肥交替使用,以防品质变劣。缺钾土壤还需在2次追肥之间追施1次钾肥,每亩撒施草木灰60千克或硫酸钾15千克。每次追肥前田间应排干水,追肥1天后还水。

③匀苗补缺。排种30天后,当新苗达15厘米左右时,以12厘米见方有一株苗为好。结合除草,进行匀苗补缺。将生长过密的苗连根拔出一部分,每2~3株1簇,移栽于缺苗处。同时对生长过高

的苗适当深栽,使全田植株生长比较均匀整齐。

(7)适时软化 为提高产品品质,应进行灌深水软化。即适当加高田埂,在水芹生长后期,根据植株高度加深水位,仅留 10 厘米左右的植株顶部,进行光合作用和透气。此方法在冬季还有保温防冻作用。

(8)病虫防治 水芹菜的主要病虫害有水芹斑病、锈病和蚜虫等。

①水芹斑病。水芹斑病属真菌性病害。一般于秋季开始发病,可一直延续到次年春季,主要为害叶片。防治方法:注意及时匀苗移栽以防株间拥挤,促进通风透光,减少感染;施肥做到氮磷钾结合,防止偏施氮肥,降低植株抵抗力;发病初期,暂时落干田水,用 50％多菌灵可湿性粉剂 500 倍液或 50％代森锰锌可湿性粉剂 600 倍液,每5～7天喷 1 次,连喷 3～4 次。注意交替使用不同药剂,以延缓抗药性的产生。

②水芹锈病。水芹锈病属真菌性病害。发生季节与水芹斑枯病相近。但在留种植株上第 2 年春夏发病较迟,为害较重,影响种苗质量。植株茎秆、叶片和叶柄均可受害。农业防治方法与水芹菜斑枯病相似。发病初期,用 25％粉锈宁可湿性粉剂 1000 倍液或 50％代森锰锌可湿性粉剂 500 倍液防治,两种药剂要轮换使用。

③蚜虫。蚜虫多在植株苗期和旺盛生长阶段发生,主要刺吸幼嫩茎叶的汁液,造成茎叶卷缩和发黄,影响产量和品质。防治方法:发生初期用 50％抗蚜威 1000 倍液防治,每隔 5～7 天喷 1 次,共 2～3 次。两种药剂应轮换使用。

④夜蛾。近年来,随着水芹种植区域的扩展,部分蔬菜基地出现了夜蛾类害虫为害水芹的情况。防治夜蛾幼虫的关键时期是卵孵化盛期至 1～2 龄幼虫高峰期。可用下列药剂进行喷雾防治:5％夜蛾必杀乳油 1500～2000 倍液、5％抑太保乳油 1000～2000 倍液、20％克满 1000～1500 倍液、5％卡死克乳油 1500 倍液、净叶宝 1 号 1500

倍液等。

(9)分批采收 水芹排种后 90 天左右即可开始采收。根据市场需要可从冬季一直到春季分期分批陆续采收上市,一般从 11 月中下旬开始,一直收到次年 3 月结束。采收时,将植株连根拔起,洗尽污泥,剔除黄叶,理齐后上市。

(10)选留种株 水芹种株(母株)应在未经深水软化前选留。应及时从符合品种特性的丰产田块中,选健壮植株作为种株,移栽于预先准备好的留种田中。对种株的选择要求是株高中等、茎秆较粗、节间较短、分株较集中。

4.水芹芽栽培技术简介

水芹芽是最近几年才开始种植的,它是在常规水芹高产栽培的基础上,通过后期遮光覆盖工艺软化培育而成的芽菜,色白如玉,清香脆嫩,营养丰富,风味独特,是广大群众喜爱的高品位保健蔬菜。水芹芽一般从当年 11 月份开始采收,直到第二年 2 月份,适逢我国传统节日春节,气候严寒,恰是大宗蔬菜生产淡季,又是消费旺季,正是水芹芽销售的良好市场机遇,经济效益相当可观。

一般在 11 月上旬,当大田水芹母株定植生长 30～35 天后,植株长到 10～15 片真叶,株高达 25 厘米以上,日平均温度 10℃左右时,选择时机适时进行覆盖生产芹芽的操作,在霜冻来临前必须覆盖。当母株长到一定程度准备覆盖时,在前一周应排干田里的积水,做好蹲田工作,保持湿润,从而利于覆盖和水芹芽生长管理。覆盖后田间一般不需进行过多管理,保持畦面湿润,雨水过多要及时做好排水工作。

覆盖方法:先在母株苗上平铺一层黑色塑料薄膜遮光,并起到保湿、保温作用。再在薄膜上均匀铺盖一层稻壳,厚度以 3 厘米为宜,为了防止风吹走稻壳,增加保温、保湿效果,在稻壳上再撒盖一层约10 厘米厚的稻草。

水芹苗母株覆盖后,茎叶就会慢慢腐烂,并把养分提供给刚刚萌发的茎芽,萌发的茎芽逐渐生长成为可食用的水芹芽。

母株覆盖后 35～45 天,水芹芽长至 30～40 厘米长时应开始陆续采收上市,争取 1 周左右收获结束,否则极易老化。若较大面积种植,应分批播种,分期上市。水芹芽只收 1 茬。一般每亩可产 1800～2000 千克鲜菜,最高产量可达 2500 千克。

采收方法:掀开塑料薄膜,手握一把快刀,从水芹芽根部整齐切断即可。水芹芽收割后,在田间初步摘除黄叶、老叶,然后清洗,进一步去除杂质后,即可贮运上市。为了防止芹芽老化,贮运时一定要注意避光,防止水芹芽变绿老化。

芹芽比较柔嫩,水分含量大,不耐贮藏,在 5～10℃ 条件下可保鲜 2～3 天,最好是采收后直接进入市场进行销售。

5.食用方法

水芹嫩茎及叶柄质地鲜嫩,清香爽口,可炒食、凉拌、做馅,也可盐渍,根可腌酱菜。一般人群均可食用水芹。水芹特别适合高血压和动脉硬化的患者、糖尿病和缺铁性贫血患者、经期妇女、成年男性等食用。

香干水芹炒肉丝。原料:水芹菜,香干,瘦肉,姜,辣椒,食用盐,干淀粉,蚝油,鸡精,色拉油,清水少许。做法:第一步,将瘦肉切丝,加干淀粉、蚝油及少许清水拌匀,稍腌片刻;将水芹菜切寸断;香干切长条;姜切成末;辣椒切成条。第二步,炒锅倒油,开小火,下肉丝,用筷子将其扒散,至肉丝变色后将其捞出控油。第三步,锅内留底油,加姜末及辣椒末炒香。第四步,加香干翻炒。第五步,加少许盐炒约 1 分钟后加水芹菜,大火爆炒约半分钟。第六步,再将肉丝下锅,加盐、鸡精调味,半分钟即可。

注意事项:水芹菜性凉质滑,故脾胃虚寒、肠滑不固者食之宜慎;水芹菜有降血压作用,故血压偏低者慎用。

四、芦 蒿

芦蒿，学名 *Artemisia selengensis*，为菊科蒿属多年生草本植物，又名蒌蒿、水艾、野藜蒿、水蒿等，现作为一年生蔬菜栽培。多生于低海拔地区的河湖岸边与沼泽地带，在沼泽化草甸地区常形成小区域植物群落的优势种与主要伴生种，也见于湿润的疏林、山坡、路旁以及荒地等。

图 2-4　芦蒿

芦蒿本是野生，早春上市，上市期短，南京市八卦洲乡农民从 20 世纪 90 年代开始进行野菜家种的试验，成功后大力发展人工保护地栽培芦蒿。现在每年上市 5000 多万千克，产值达 2 亿多元，80％销往上海、武汉、长沙、石家庄、济南、青岛等全国 60 余座大中城市，并远销到日本、韩国等国家和地区。八卦洲乡成为全国最大的规模化野生蔬菜基地，"八卦洲芦蒿"已成为注册品牌。

芦蒿因其独特风味和营养价值，已经成为江浙地区的重要菜肴，几乎是无蒿不成席，市场潜力巨大。芦蒿生产已成为江苏省重要农业特色产业，安徽省的芦蒿种植面积正逐年扩大，芦蒿的成功开发也大大促进了野菜种植业的发展。

1.营养保健作用

芦蒿营养丰富，含有许多维生素和钙、磷、铁、锌等多种矿物质元素。每 100 克可食部分含有蛋白质 3.6 克、灰分 1.5 克、钙 730 毫克、磷 102 毫克、铁 2.9 毫克、胡萝卜素 13.9 毫克、抗坏血酸 47.0 毫克。

芦蒿具有清凉、平抑肝火，预防牙病、喉痛和便秘等功效。芦蒿因含有侧柏莲酮芳香油而具有独特风味。它对降血压、降血脂、缓解心血管疾病均有较好的食疗作用，是一种典型的降压保健蔬菜。

现代研究表明,芦蒿中的维生素、氨基酸、芳香酯和矿质元素含量丰富,抗癌元素硒的含量为 23 微克/千克,是公认抗癌食物芦笋的 10 倍以上。此外,芦蒿中总黄酮含量比较高。

2. 特征特性

(1)植物学特性

①根。根系发达而分布浅,集中分布在 0~20 厘米土层中。

②茎。茎有地上茎和地下茎之分。地下茎又名根状茎,粗 0.2~0.5 厘米,白色质脆,富含淀粉,多不定根。节间明显,节上有腋芽,能抽生直立茎,形成新株。地上茎呈圆形,无毛,初生嫩茎淡绿色或淡紫色,脆嫩多汁,以后逐渐木质化。成熟植株地上茎粗可达 1 厘米以上,高可达 160 厘米以上,表皮深褐色。

食用嫩茎青绿色、淡绿色或略带紫色,长 25~30 厘米,粗 0.3~0.5 厘米。

③叶。叶互生,基部叶多为 2~3 回羽状裂叶,中上部叶片不裂或 2~3 回羽状裂叶,长 11~17 厘米,宽 0.7~2.4 厘米,叶缘疏锯齿。下部叶片在花期渐次枯死,叶片柔软,正面绿色无毛,背面密被白绿色棉毛。叶柄长 5 厘米,宽 0.7 厘米。

④花。复总花序,花筒状,黄绿色有紫条纹,花朵长约 0.3 厘米,宽 0.1~0.2 厘米,每花有 1 苞片。

⑤果实、种子。瘦果,种子细小,有冠毛,果实黑色,成熟后随风飞扬。

(2)环境条件的要求

①温度。芦蒿喜温暖怕寒凉,生长适温白天 15~20℃,晚上 5~10℃;空气湿度 85% 以上时,嫩茎生长快速,粗壮且不易老化,商品价值高。遇霜冻时,地上部分即枯死,但地下茎及根系可以安全越冬。

②水分。芦蒿根系浅,喜湿润忌涝渍,要求土壤温润且透气性好。土壤湿度 60%~80% 时最有利于根状茎生长和腋芽萌发,抽生

地上嫩茎。在排水不良的土壤中,发根少且生长不良,根系长期渍水变褐死亡。但根状茎在水淹的泥土中能存活 6 个月以上。

③光照。芦蒿对光照要求不严格,只要温湿度合适,在弱光条件下也生长良好,且嫩茎的商品性提高。但在营养生长期,充足的光照有利于植株生长茂盛,叶片肥厚。开花结果需要短日照和较强光照。

④土壤、肥料。芦蒿对土壤要求不严格,但以疏松、肥沃、含有机质丰富的砂质壤土及黏质壤土为宜;养分要求全面且需求量大,适当追施锌、铁、硼等微量元素肥料,可使风味更佳。忌连作,连作 3 年以上,生长不旺。

⑤抗性强。芦蒿在生长期很少发生病虫害,是一种高效、无公害的绿色食品。

(3)芦蒿的生长发育周期 芦蒿的生长可分为萌芽期、旺盛生长期、缓慢生长期、越冬休眠期等 4 个生长发育阶段。整个周期一般在200 天以上。

芦蒿在日平均温度 4.5℃左右时开始萌发,嫩茎生长最适宜温度为日平均 12～18℃,20℃以上茎秆木质化速度加快。露地野生芦蒿一般于 2 月中旬开始萌发,4 月上旬至 4 月下旬营养生长明显加快,此间是露地野生芦蒿的上市高峰期。芦蒿属长日照作物,7 月上旬花芽分化,7 月下旬开始抽薹,9 月中下旬开花,10 月份结实,种子为椭圆形瘦果。12 月中旬遇重霜后地上部分枯死。地下部分的根状茎耐寒性较强,可露地越冬。芦蒿在生长发育过程中,只要温度适宜,可周年生长,无明显休眠期。

(4)芦蒿栽培过程中值得研究的几个问题

①如何提高经济利用系数。芦蒿产量虽然高,但一般可食用的部分只占 20%,因此必须在栽培时期的把握、品种的选用和栽培管理过程中始终以提高经济产量为目标,这也是育种学家值得研究的重要课题。

②如何提高食用品质。芦蒿以嫩茎作为食用,具有特有的芳香

味和营养价值。但其嫩茎生长到一定程度即木质化,生长高度虽可达160厘米左右,但却无任何食用价值,因此一定要适时收获。在栽培措施应用中,延长嫩茎的生长时间是关键。

③栽培周期的把握。芦蒿虽是多年生宿根草本植物,但其作为蔬菜食用,应作为一年生的蔬菜进行栽培。

④地上茎和地下根状茎矛盾突出。芦蒿地下茎多,节节发芽,如果任其生长,不仅消耗营养,地上茎也易老化,影响品质和产量。因此,如何缓解地上茎与地下根状茎生长的矛盾,是栽培过程中应着手解决的实际问题。

3.类型与品种

(1)类型

①叶型可分为3种。

大叶蒿:又名柳叶蒿,柳叶型或叶羽状3裂。

碎叶蒿:又名鸡爪蒿,叶羽状5裂。

嵌合型蒿:在自然状态下,在同一植株上往往同时存在2种以上叶型。

②按嫩茎颜色分类,亦可分为3种。

白芦蒿:茎淡绿色,茎秆粗而柔嫩,香味淡。

青芦蒿:茎青绿色,香味略浓,产量高。

红芦蒿:茎紫红色,香味浓。纤维多,产量低。

每种颜色的品种中均有大叶型和碎叶型。芦蒿的茎色、香味和柔嫩程度是品种的重要性状,也与环境条件有很大关系:稀植,通风好,光照强,氮肥少,则茎秆颜色深,香味浓,纤维多;密植,通风差,光照弱,氮肥足,则茎秆颜色浅,香味淡,质柔嫩。

(2)优良品种 主要栽培品种有产地云南的云南芦蒿、产地江苏南京的大叶青和小叶白、产地湖北省荆门市沙洋区李市镇的李市芦蒿、产地江西鄱阳湖的鄱阳湖芦蒿等。

(3)留种 留种田一般在 3 月份收完最后一茬,追肥灌足水后,任其自然生长,待成株木质化后,7～8 月份即可进行大田扦插繁殖。若采收种子,应选择优良种株种植,当年不采收嫩茎,让其开花结籽,10 月底至 11 月初摘下芦蒿老熟花序,晒干搓出种子。

4.繁殖技术

(1)种子繁殖 · 3 月中上旬,将芦蒿种子与 3～4 倍干细土拌匀,直接播种,采用撒播、条播均可。条播行距 30 厘米左右,播后覆土并浇水,一般 3 月下旬即可出苗,出苗后及时间苗、匀苗,缺苗的地方移苗补栽。

(2)无性繁殖

①分株栽种。5 月中上旬,在留种田块将芦蒿植株连根挖起,截去顶端嫩梢,在筑好的畦面上,按行株距 45 厘米×40 厘米每穴栽种 1～2 株,栽后踏紧,浇透水,经 5～7 天即可活棵。

②茎秆秆条繁殖。每年 7～8 月份,将半木质化的茎秆齐地面砍下,截去顶端嫩梢,在整好的畦面上,按行距 35～40 厘米开沟深 5～7 厘米,将芦蒿茎秆横栽于沟中,头尾相连,然后覆土,浇足水,经常保持土壤湿润,促进生根与发芽。

③扦插繁殖。每年 6 月下旬至 8 月份,剪取生长健壮的芦蒿茎秆,截去顶端嫩梢,将茎秆截成 10～20 厘米长小段,在筑好的畦面按行株距 10～30 厘米,每穴斜插 4～5 小段,地上露 1/3,踏紧、浇足水,经 10 天左右即可生根发芽。

④地下茎繁殖。四季均可进行。地下茎挖出后,去掉老茎、老根,剪成小段,每段有 2～3 节,在整好的畦面上每隔 10 厘米开浅沟,将每小段根茎平放在沟内,覆薄土,浇足水。

5.栽培方式

(1)生产时间安排 根据芦蒿的生长习性,芦蒿可周年生长,无明显的休眠期。但是在高温季节，芦蒿木质化程度快、纤维多、商品性差，若在相对低温条件下，嫩茎生长速度快，粗壮且不易老化。作为一年生蔬菜栽培的芦蒿就是利用这一特点，秋冬季露地栽培，早春萌芽生长上市。基本生产过程是：4～8月份做好母种育苗工作，8～9月份定植于大田，有条件时当年10～11月份开始收获。冬季平茬，春天后继续萌芽生长，收获至5月份。如采取保护地栽培，可以保证春节期间正常上市。

(2)茬口安排模式

①春黄瓜—芦蒿高效栽培模式。春黄瓜于2月中旬播种，3月上旬定植，4月中旬至6月中旬采收。芦蒿于7月初定植，8月中旬、9月中旬、11月中旬分别采收第一、二、三批。如需供应元旦、春节市场，可加盖小拱棚，继续采收1～2批。

②早苦瓜—芦蒿高效栽培模式。早苦瓜于1月上旬播种育苗，2月下旬至3月上旬定植，4月下旬至6月底采收。芦蒿同上。

其他茬口安排形式多样，只要在实践中依据地方特色寻找最佳时间点，都能提高经济效益。

6.高产高效栽培技术

(1)品种选择 芦蒿品种选择生长速度快、商品性好、产量大的云南绿秆或南京八卦洲绿秆芦蒿。

(2)地势选择 芦蒿喜湿、怕旱，一次种植可多次采收，故种植芦蒿要选择排灌方便、富含有机质的土壤，土壤中有机质以含3%以上为佳。

(3)整地施肥 种植芦蒿地块要深耕耙细，便于芦蒿生根发芽。由于芦蒿生长期、采收期较长，故需长效肥较多，结合整地每亩施腐熟有机肥3000千克，或优质生物有机肥150～300千克。畦面宽1.2米，太宽不便于沟水渗透，太窄又不利于地块保湿。做畦最好同时喷施除草剂以防杂草，可选用72%都尔，每亩用量60毫升，或48%氟乐灵,每亩用量 100～150 毫升。

(3)扦插定植 高产高效栽培一定要合理密植,芦蒿一般亩需种苗 250～300 千克。7 月上旬待留种田成株木质化后,去掉上部幼嫩部分及叶片,每小段顶端保留 2 个未萌发的饱满腋芽,剪成 10～20 厘米长的插条,开浅沟,按株行距 10～30 厘米靠放在沟的一侧(注意:生长点朝上,不能放反),边排边培土,培土深度达插条的 2/3。扦插完毕,浇 1 次透水,覆盖遮阳网,降低田间温度,保持土壤湿润,3～4 天即有小芽萌发。

(4)田间管理

①追肥。当幼苗长到 2～3 厘米时,用清粪水提苗,粪水千万不要太浓,以免引起烧根。粪和水的比例为 1:8,当幼苗长到 4～5 厘米时,每亩追施尿素 10 千克提苗,以后每收 1 次,施 1 次肥,方法同上。

②灌水。芦蒿耐湿性极强,不耐旱,所以要经常保持畦面湿润。浇水施肥同时进行,每施 1 次肥灌 1 次透水。灌水宜多勿少,以沟灌渗透为好,尽量不浇到畦面,以免引起土壤板结,影响出苗和透气。

③中耕除草。定植后,由于经常浇水,土壤容易板结,出苗后中耕 1～2 次,便于土壤疏松和透气,如有杂草一定要及时清除,以免影响幼苗生长。

④间苗。幼苗长到 3 厘米左右时要及时间苗,使每苑保留 3～4 株小苗。幼苗过多,易造成拥挤,从而影响芦蒿的商品性。

⑤保暖防寒。当气温在 5℃ 以上时侧芽开始萌发,当气温在 10℃ 以下或霜冻时,地上茎叶枯萎,芦蒿生长缓慢。为保证元旦、春节市场供应,取得最高的效益,应在 11 月下旬气温降至 10℃ 之前及时搭盖大棚保温,防霜冻。棚内温度晴天白天保持在 18～23℃,阴雨天比晴天下降 5～7℃。气温高的中午应打开大棚两头通风,以免因湿度过大、通风不良造成芦蒿腐烂或变黑。春节以后气温上升时应及时揭除盖膜。

⑥病虫害防治。芦蒿本身抗病虫能力极强,病虫发生率一般很

低,但近年来也发现美洲斑潜蝇、蚜虫为害较重。防治美洲斑潜蝇用 1.8%的爱福丁 2000 倍液,蚜虫用 10%的四季红 2000 倍液;病害主要是白绢病,发病初期可用 40%五氯硝基苯 1 千克或地菌净 350 克加细干土 40 千克混匀后撒施基部土壤,或喷洒 40%五氯硝基苯 400 倍悬浮液或 20%粉锈宁乳液 2000 倍液,隔 7~10 天喷 1 次即可。

(5)**科学采收**　芦蒿第一茬一般生长在高温季节,木质化程度快、纤维多、商品性差,而此时地下茎营养贮备尚不充分,若这一茬急于上市,一是由于商品性差影响价格,二是由于地下茎营养储备不够,将会严重影响下几茬的产量,导致减产减收。故头茬一般任其生长,进入 9 月中旬,地上茎和地下茎同时生长,芦蒿植株现蕾开花,地下茎为下几茬贮藏了丰富的养分时,平地割去茎秆,清除田间枯枝落叶,用锄头刨平地面,灌 1 次透水,促进地下根茎腋芽萌发,抽生嫩茎。

10 月中下旬,芦蒿长到 10~15 厘米时,根据市场需求,地上茎未木质化时便可采收供应市场。收割时,将镰刀贴近地面将地上茎割下,去叶后扎把上市,或直接将毛芦蒿上市。气温适宜时,30 天收割 1 次;气温低时,50 天左右收割 1 次。上市期一直到来年的 3 月份,共可采收 4~5 茬。

软化处理。芦蒿割起后,可进行软化处理,即将采收的蒿苗进行堆放,上面覆盖稻草,每 3~5 小时浇 1 次透水,外加薄膜覆盖,2~4 天后,茎经软化后肉质转嫩脆,即可摘除老叶上市。

7.食用方法

从颜色上看,芦蒿即使煸炒也碧绿生青,引人食欲;从口感上讲,外脆里糯,较少纤维感,并有一股浓郁的菊香,实为野菜中的上品。超市有小包装的芦蒿供应,由于芦蒿在复杂的冷链储藏、运输过程中有一定程度的失水,因此买回后需用冷水浸泡,以增加其鲜嫩度。

嫩茎叶可凉拌、炒食。先入沸水焯透,捞出并挤水、切碎,凉拌或炒食,味香而脆,并可治疗急性肝炎,润泽皮肤,增强体质。

芦蒿炒臭干是南京人特有的烧法,即用南京特有的硬质臭干切丝,和芦蒿一起炒制而成。上桌时,臭干的臭香和芦蒿的菊香会产生一种更浓郁的香味,诱人食欲。

肉丝炒芦蒿即将猪肉切丝和芦蒿混炒,配以高汤。因芦蒿是一种鲜嫩的野菜,很容易吸收荤菜的鲜香味,因而此菜美味可口。

芦蒿的根状茎可用于腌渍,方法是将其洗净、去皮、晾干,放入坛内,一层芦蒿一层盐(盐的用量为茎重量的 6%~10%),每天翻坛 1次,10 天后即成。食用时洗净、切段、装盘即可,是别有风味的小菜。

注意事项:芦蒿炒臭干中钠的含量较高,糖尿病、肥胖或其他慢性病如肾脏病、高血脂病人慎食;老人、缺铁性贫血病人要少食。

五、荠 菜

荠菜,学名 *Capsella bursa-pastoris* L.,为十字花科荠菜属一年或二年生草本植物,别名地丁菜、地菜、护生草、羊菜、地米菜等。荠菜是一种人们喜爱的可食用野菜,遍布全世界,其营养价值和药用价值很高,食用方法多种多样。人工栽培以板叶荠菜和散叶荠菜为主,春、夏、秋三季均可栽培。

图 2-5　荠菜

荠菜原为我国野生蔬菜,自古有之。我国人民以荠作菜,有近3000 年的历史。上海郊区将荠菜作蔬菜栽培已有百年历史,面积很大,已成为供应市场的主要蔬菜。目前国内各大城市开始引种栽培,不过仍处于零星生产的范围里。

1.营养保健作用

荠菜营养丰富,每 100 克含水分 85.1 克、蛋白质 5.3 克、脂肪0.4 克、碳水化合物 6 克、钙 420 毫克、磷 73 毫克、铁 6.3 毫克、胡萝卜素 3.2 毫克、维生素 B_1 0.14 毫克、维生素 B_2 0.19 毫克、烟酸 0.7 毫克、维生素 C 55 毫克等。从荠菜的营养成分可以看出,荠菜富含各种微量元素及维生素,其中微量元素铁极为丰富。荠菜还含有黄酮甙、胆碱、乙酰胆碱等活性物质。

荠菜的营养保健价值很高,食用荠菜有助于增强机体免疫功能,具有明目、清凉、解热、利尿、治痢等药效,还能降低血压、健胃消食,治疗胃痉挛、胃溃疡、痢疾、肠炎等。荠菜富含钾、钙、镁、磷以及 4 种人体必需的微量元素铜、锌、铁、锰,这些元素对于提高人体抗病能力有很大作用。

荠菜所含的荠菜酸是有效的止血成分,能缩短出血及凝血时间。荠菜含有的乙酰胆碱、谷甾醇和季胺化合物,不仅可以降低血液及肝中胆固醇和甘油三酯的含量,而且还有降血压的作用。荠菜所含的登皮甙能够消炎抗菌,抗病毒,预防冻伤,对糖尿病性白内障也有疗效。荠菜中所含的二硫酚硫酮具有抗癌作用。荠菜还含有丰富的维生素 C,可防止硝酸盐和亚硝酸盐在消化道中转变成致癌物质亚硝胺,可预防胃癌和食管癌。荠菜含有大量的粗纤维,食用后可增强大肠蠕动,促进排泄,从而促进新陈代谢,有助于防治高血压、冠心病、肥胖症、糖尿病、肠癌及痔疮等。荠菜含有丰富的胡萝卜素,因胡萝卜素为维生素 A 原,所以荠菜是治疗干眼病、夜盲症的良好食物。

2.生物学特征和对环境条件要求

(1)形态特征。

①主根深入土层 2～3 厘米,白色,较粗,须根不发达,一般不适于移栽。

②茎直立,有分枝,稍有分枝毛或单毛。茎短缩,生殖生长时,抽出花茎,长 20～30 厘米。

③根出叶,塌地丛生,浅绿色或绿色,叶面较平滑,羽状深裂或全裂,裂片狭长,长可达 12 厘米,宽可达 2.5 厘米;茎生叶狭被外形,长

1～2厘米,宽2～15毫米,基部箭形抱茎,边缘有缺刻或锯齿,两面有细毛或无毛;薹叶无柄,互生。

③花、种子。总状花序,顶生或腋生,十字花冠,花小,白色。短角果,扁平状,倒三角形,内含有多粒种子,种子细小,卵圆形。花、果期为4～6月份。种子金黄色,十分细小,千粒重0.1克,种子干藏时寿命长,发芽年限2～3年。

(2)对环境条件要求 荠菜属春化短日照植物,喜冷凉和晴朗的气候条件。在2～5℃条件下经过10～20天,萌动的种子或幼苗生长时可通过春化阶段。

①温度。荠菜生长适温为15～22℃。在生长期间,气温15℃左右又有良好的日照时,植株生长迅速,播种后30天左右就可始收获;气温低于10℃时,生长较慢,生长周期较长,播种后需45天才能收获;气温在23℃以上时,生长较慢,品质也差。荠菜的耐寒力很强,温度在－5℃以上时,植株不受损害,植株可忍受－7.5℃的短期低温。在2～5℃条件下,10～20天即可通过春化阶段,气温12℃左右,可抽薹开花。

②光照。荠菜对光照不敏感,喜低温短日照,临界日长12小时,有利于开花。荠菜生长需较充足的光照,植株生长良好。阴雨天气,光合产物少,植株细弱,易发生病害。

③土壤。荠菜对土壤选择不严,大部分土壤均能生长,但以肥沃湿润壤土为好,其产量高、品质好。适宜pH为6.0～6.7。

④营养。荠菜喜氮肥,在施足氮肥的基础上,增施磷钾肥。荠菜生长需要充足的氮肥,氮肥充足可使其生长快、植株密集、根系浅、生长健壮,以在生长期分次追施速效氮肥为好。

⑤水分。荠菜生长迅速,叶片柔嫩,密植度大,可铺满地面。消耗水分量较大,需要经常供给充足的水分,但水分过多也会使荠菜根变黑,失去吸收功能,造成植株萎蔫死亡。

3.品种类型

(1)**常规栽培型品种** 从目前栽培情况看,对荠菜品种主要以叶形状进行分类。也可以上市的早晚分类,分为相对早熟种和晚熟种。

①板叶荠菜,又名大叶荠菜、早荠菜、粗叶头。叶片 18 片左右,叶片的宽度为 2.5～3 厘米,长度为 10～13 厘米。叶肥厚,叶缘缺刻浅,羽状深裂,遇低温叶色较深。植株塌地生长,开展度 18～20 厘米,抗寒性、耐热性强,抽薹开花早(在 3 月下旬)。不宜春播,秋播产量高、品质好、味鲜美。春播每亩产 600～700 千克,秋播每亩产 1500 千克左右。

②散叶荠菜,又名小叶荠菜、花叶荠菜、碎叶荠菜、细叶荠菜、百脚荠菜。20 片叶左右,叶片深绿色,长 10 厘米,宽 2 厘米,叶窄短,叶面光滑,叶缘缺刻深,羽状直裂。遇低温后叶色较深,并带有紫色,植株开展度为 15～18 厘米,抗寒力中等、耐热、耐旱、晚熟,成熟期比板叶荠菜晚 10～15 天。春播秋播均可,香气浓、味鲜美、生长慢、产量低。春播每亩产 700～800 千克,秋播每亩产 1200 千克左右。

(2)**从野生荠菜中采种** 野生荠菜类型较多,常见的有:

①阔叶型荠菜。形如小菠菜,叶片塌地生长,植株开展度可达 18～20 厘米,叶片基部有深裂缺刻,叶面平滑,叶色较绿,鲜菜产量较高。

②麻叶(花叶)型荠菜。叶片塌地生长,植株开展度可达 15～18 厘米,叶片羽状全裂,缺刻深,细碎叶型,绿色,食用香味较好。

③紫红叶荠菜。叶片塌地生长,植株开展度 15～18 厘米,不论肥水条件好坏,长在阴坡或阳坡、高地或凹地,叶片形状介于上述两者之间,叶片叶柄均呈紫红色,叶片上稍有茸毛,适应性强,味佳。

选苗采种方法:在冬季或早春,可到田野里挑选种苗,将 3 种类型荠菜分挖、分放,也可根据选种目的,挑选其中一种类型。然后将种苗定植在经过施肥和精细整地的零星熟土菜地上（注意不同类型之间需进行隔离）。植株成活后注意浇水施肥,防治蚜虫,使植株正常开花结荚。在种荚发黄、种子八成熟时收割,以免过熟后"炸荚"使种子散落。将收回的种荚摊于薄膜上晾干搓揉,取出干种子精细保管待用。

4.栽培季节

(1)露地栽培

①露地春播3月中旬至5月上旬播种,4月中下旬至7月上旬收获。

②露地秋播8月上旬至8月下旬播种,9月上旬至11月上旬收获。

(2)保护地栽培

①春季塑料小拱棚3月上旬至4月中旬播种,4月上旬至5月下旬收获。

②日光温室、塑料大棚春、秋、冬季栽培,10月份至次年4月份播种,11月份至次年5月份收获。可利用空闲地间作套种,提早供应。

5.栽培技术

(1)整地播种　种植荠菜时,宜选择土壤肥沃、湿润、偏酸性(pH在6.0～6.7之间)、土壤疏松、杂草少、排灌方便的田地或大棚播种。播前要精细整地,耕地前每亩施2000～3000千克优质杂肥,耕深达15厘米,然后耕耙地,保证田平土碎、土肥融合、沟畦配套。

一般做成2米宽的畦,沟宽25～30厘米,畦高15厘米。随后进行播种,播后稍镇压覆盖,春季有保墒作用,有利于出齐苗。秋季播种,还要遮阴、覆盖,可起到降温、保墒、防板结的作用。

秋播气温较高,播后不易发芽,宜选用前一年收获的种子,因为新种子尚未脱离休眠期,播后会出现不易发芽现象。应进行种子处理,将干燥的种子放在 2～7℃ 的低温冰箱中,经过 2 天取出播种,则出苗早而整齐。或者将种子用纱布、麻袋包好,放在 20～25℃ 处催芽,每天用清水淘洗一遍,当种子一半露白即可播种。秋播用种量 1～2.5 千克/亩,播后用苇帘、麦秆覆盖畦面,遮阴、降温、防雨、保湿。天气干旱时,播后每天早晚用喷壶各喷 1 次水,直至出苗,一般 3 天后出齐。

(2)**浇水**　早春播的荠菜,产量的多少、上市的早晚与水分供应及时与否有直接关系。因此,从播种至整个生长期间都需要适量适时浇水。出苗前,用喷壶喷洒水 3～4 次;出苗后每天浇 1 次。天气干旱时,每天早上或傍晚浇 1 次水,畦面湿润后排水;雨季做到及时排出田间渍水,以防止病害的发生和蔓延。

晚秋播的荠菜,宜轻浇、勤浇、凉浇。浇水宜在早上露水未干时进行,俗称“赶露水”。温室栽培时,在出苗前轻浇、勤浇。播后 4～5 天出苗,当幼苗长出 2 片直叶时,进行第一次追肥,每亩喷 0.3% 尿素液 1500 千克,以后每采收 1 次追肥 1 次,浓度可逐渐提高。

(3)**追肥**　春播生育期短,追肥宜早不宜迟。当长出 2～3 片真叶时,或出苗 8～10 天追第一次肥,间隔 10～15 天追第二次肥;秋播荠菜生长期长,一生追 4 次肥,每次每亩施 1500～2000 千克稀薄人粪尿,掌握“勤、轻、稀”的原则。每收获 1 次,追肥 1 次。越冬前(11月下旬至 12 月上旬)和翌年 2～3 月份各增加 1 次。

(4)**除草**　荠菜植株小,又是撒播,杂草和荠菜并存并长,除草难度大。对大草可用小刀挑起,不能用手拔,可结合采收进行除草,并将所有杂草带到田外处理。

(5)**病虫害防治**　霜霉病与蚜虫是荠菜的主要病虫害。防治方法是及时拔除杂草,增加田间通风透光;用 75% 百菌清可湿性粉剂 600 倍液或 72% 露可湿性粉剂 600～800 倍液,喷雾防治霜霉病;用吡虫啉或菊酯类农药防治蚜虫。

6. 采收与留种

(1)采收　荠菜的采收要求精细,精细采收可以增加产量,一般用 2.5 厘米宽的小斜刀挑采荠菜。挑收荠菜时要尽量拣大留小,而且注意挑收均匀。凡是出苗稀的地方,就是大株也应保留,出苗密的地方,即使较小的植株也要挑收。这样才能使剩下的荠菜容易发棵,均匀生长。

早秋播种的荠菜,在真叶 10～13 片时就可采收,即 9 月上旬开始供应市场,从播种到开始收获为 30～35 天,以后陆续收获 4～5 次,到第二年 3 月下旬采收结束。每亩每次采收约 500 千克,每亩总计可达 2500～3000 千克。

迟播的秋荠菜,随着气温降低,生长逐渐缓慢,播种到开始采收的时间就延长,如 10 月上旬播种的,要 45～60 天才能开始采收,以后还可以采收 2 次,每亩可收 1500～2000 千克。

2 月下旬播种的春荠菜,由于气温低,要到 4 月上旬才能采收,而 4 月下旬播种的,仅 1 个月就可以采收。春播的荠菜一般采收 1～2 次,产量较秋荠菜低,每亩约收 1000 千克。

(2)留种　荠菜留种田的整地、做畦与大田荠菜相同,但不宜早播,以 10 月中上旬播种较好。于 12 月上旬进行间苗除草,以幼苗互相不拥挤为度。1 月中上旬拔除弱株,如板叶荠菜品种要选择叶大、叶片基部有 1～2 缺刻、叶片上部为全缘和扁梗的植株留种。3 月中旬进行第二次间苗,苗距 10 厘米。在抽薹时,拔除抽薹早的植株,并最后定苗,苗距 14 厘米。留种田的荠菜,追肥不能过多,苗期追肥 1 次后,开花前即 3 月下旬再追肥 1 次,每次施稀薄腐熟粪水 1500 千克,以促进种子饱满。

留种植株 3 月下旬抽薹,4 月上旬开花,5 月上旬种子成熟。待种子老熟转为金色时采收。收种应选择晴朗天气,在上午割下种株,摊晒在阳光下,下午搓出种子。每亩可收种 15～20 千克,最高可收

55千克。收后扬净,再晒种3天,贮藏备用。

7.食用方法

荠菜气味清香甘甜,食用方法很多,炒吃、汤羹、做菜馅均可。如荠菜饺子,做法如下:

主料:小麦面粉500克,荠菜600克;辅料:虾皮50克;调料:盐5克,味精3克,酱油5克,大葱10克,植物油30克,香油10克。

做法:先将荠菜挑去杂质,用清水洗净;将荠菜切碎,放入盆中;荠菜盆内加入虾皮、精盐、味精、酱油、葱花、植物油、麻油,拌匀成馅;把面粉用水和成软硬适度的面团,揉匀;搓成长条,切成小面剂,擀成饺子皮;包馅捏成生饺子;下入沸水锅内煮熟,捞出,装入碗内;蘸上调料,即可食用。

注意事项:荠菜不适合体质虚寒者食用。荠菜可宽肠通便,故便溏者应慎食。

六、香　椿

香椿,学名 *Toona sinensis* Roem.,为楝科香椿属高大落叶乔木,别名山椿、虎目树、虎眼、大眼桐、椿花、香椿头、香椿芽等。香椿原产于我国,分布于华北、东北、西北、西南及华东等地。尤以河北、山东两省较多,一般多栽植于房前、屋后、地畔、路旁、山溪、河边等处。安徽省太和县是香椿的著名产区。

图 2-6　香椿

长期以来我国种植香椿以农户零星种植为主,产量比较低,种植效益不高。近年来出现了一种香椿的温室矮化密植栽培技术,它使香椿的规模化生产成为可能,而且使用这种技术栽培的香椿可以在春节期间采收,从而极大地提高了种植效益。本节内容主要介绍这一栽培技术。

1.营养保健作用

香椿富含蛋白质、维生素 C、胡萝卜素、B 族维生素、钙、铁等。据分析,每 100 克香椿中,含水分约 84 克、蛋白质 9.8 克、钙 143 毫克、维生素 C 115 毫克,另外,还含磷 135 毫克、胡萝卜素 1.36 毫克。

香椿含有维生素 E 和性激素,有抗衰老和补阳滋阴的作用,故有"助孕素"的美称。香椿含香椿素等挥发性芳香族有机物,可健脾开胃、增加食欲。香椿的挥发气味能透过蛔虫的表皮,使蛔虫不能附着在肠壁上而被排出体外。此外,香椿可抑制金黄色葡萄球菌、肺炎双球菌和大肠杆菌等,把香椿叶捣烂敷在创面上,有消炎消肿的作用。

2.特征特性

(1)植物学性状

①茎。香椿是落叶大乔木,树干挺直高 15～18 米,最高者可逾 30 米。干的胸围直径可达 2 米,枝条上展,树皮呈褐色,皮部直裂剥落。一年生的枝条为暗黄灰色,有光泽,叶痕圆而大,留有 5 个维管束痕,生长速度快,每年增长长度可达 1.5 米。

②叶。冬季落叶,春季由枝条上发出嫩芽,外面包以鳞片,内有很短的嫩茎及未展开的嫩叶,长不过 10 厘米左右即可采摘供食用。叶互生,羽状复叶,多为偶数,有小叶 8～9 对,小叶披针形,全缘或有浅锯齿,表面鲜绿色,背面淡绿色,叶柄红色,有浅沟,基部肥大。

③花。花序为复总状,长可达 30 厘米,花 5 瓣,萼短小,花瓣 5 片,椭圆形,白色,基部黄色,带有香味。花萼短小,有退化的和正常的雄蕊各 5 枚,子房 5 室,卵形,每室有胚珠 2 枚。6 月份开花。

④果实。木质蒴果,有 5 心室,果实成熟后,由五角状的中轴分裂。果实成熟于 10 月份。

⑤种子。种子椭圆形,扁平,有膜质长翅,发芽力可保存半年。

(2)生长环境要求　香椿对气候的适应性强,在年平均气温 8～12℃或海拔 1800 米以下的广大地区都能生长。

香椿喜温,嫩芽、叶片和末充实的一年生枝条以及芽苞都怕霜冻,从种子播下到一年生苗木长成,需要较长的无霜期(华中和华北品种至少需要 235～240 天)。种子发芽的适温为 20～25℃,生长适温为 20～30℃。幼树在气温 20℃左右时生长较快;气温超过 40℃时,生长停止;低于 10℃时,顶芽形成不饱满。

香椿对土壤要求不太严格,在山地和广大平原地区都能生长,但香椿作为蔬菜栽培,以在土层深厚、湿润的砂质壤土栽植比较适宜。要求土壤富含有机质和磷。香椿对土壤酸碱度要求不严,以在碱性土壤中生长为好。

香椿喜光照充足,不耐阴;萌芽力强,生长较快。

3.主要品种

(1)黑油椿　幼树生长旺盛,叶芽向外开张,嫩芽长 6～10 厘米,紫褐色,光泽油亮。基部叶绿褐色,最大叶长 8～20 厘米,嫩叶有皱纹、肥厚,每芽有 7～8 片叶。4 月上旬采摘上市,椿芽粗壮肥嫩,单芽重 25 克,10 年树一次可采摘椿芽 10 千克。嫩芽含脂最多,香味特浓,质脆,食之无渣,风味好,品质最佳。

(2)红油椿　生长势较佳,嫩芽长 7～12 厘米,紫褐色,有光泽,基部叶绿褐色,最大叶长 8～20 厘米,每芽有 6～8 片叶,叶小,叶柄较粗,长为叶片的 1/2 左右,淡紫色,茸毛较短。小叶披针形,叶端短尖,较薄,叶缘有细锯齿,光滑,叶背无茸毛。4 月上旬采摘上市,单芽重 25 克,10 年生树一次可采摘椿芽 15 千克。嫩芽香味浓,含油脂多,质脆,品质佳,但略次于黑油椿。

(3)青油椿　生长势较强,枝条皮部光滑,皮孔小而圆。嫩芽长 7～14 厘米,绿褐色,有光泽。基部叶鲜绿色,最大叶长 12～15 厘米,每芽有 5～7 片叶,叶间距较大,叶柄较粗,长为叶片的 1/2,有稀而短的茸毛。小叶披针形,叶端尖,叶肉较薄,叶缘有细锯齿,叶面光滑,叶背无茸毛。上市期较黑油椿晚,单芽重 20～25 克,14 年生树一次可采摘椿芽 40 千克。嫩芽油脂含量中等,香味浓,腌制后肉质最脆,其风味和品质次于黑油椿和红油椿。

4.高产栽培技术

(1)栽培模式

①普通栽培。以培育香椿林为主,具体技术同一般育树造林相同。香椿的繁殖分播种育苗和分株繁殖(也称根蘖繁殖)2 种。

播种繁殖时由于香椿种子发芽率较低,因此要在播种前将种子在 30～35℃温水中浸泡 24 小时,捞起后置于 25℃处催芽。至胚根露出米粒大小时播种(播种时的地温最低在 5℃左右),上海地区一般在 3 月中上旬。出苗后,2～3 片真叶时间苗,4～5 片真叶时定苗,行株距为 15～25 厘米。

分株繁殖时可在早春挖取成株根部幼苗,栽植在苗地上,当次年苗长至 2 米左右时,再行定植。也可采用断根分蘖方法,于冬末春初在成树周围挖 60 厘米深的圆形沟,切断部分侧根,然后将沟填平,由于香椿根部易生不定根,因此断根先端萌发新苗,次年即可移栽。

香椿苗育成后,都在早春发芽前定植。大片营造香椿林的,行株距 7 米×5 米。植于河渠、宅后的,都为单行,株距 5 米左右。定植后要浇水 2～3 次,以提高成活率。

②矮化密植栽培。这是近年来发展的一种栽培方式。其育苗方法与普通栽培相同,只是在栽植密度和树型修剪方面不同。一般每亩栽 6000 株左右。

树型可分为多层型和丛生型 2 种。多层型是当苗高 2 米时摘除顶梢,促使侧芽萌发,形成 3 层骨干枝。第一层距地面 70 厘米,第二层距第一层 60 厘米,第三层距第二层 40 厘米。多层型的树干较高,木质化充分,产量较稳定。丛生型是苗高 1 米左右时即去顶梢,留新发枝只采嫩叶不去顶芽,待枝长 20～30 厘米时再抹头。丛生型的特点是树干较矮,主枝较多。

③保护地栽培。可分为 2 种:一种是将栽植在温室(或管棚)的矮化密植香椿,到 11 月中旬(如华北南部)进行扣膜。另一种是将已通过休眠的 2～3 年苗木假植于温室(或管棚)内。室(棚)内温度白天保持在 18～24℃,夜温不低于 12℃,经 40～45 天就可采食嫩叶。

(2)管理 香椿的田间管理虽属粗放型,但为了使其生长快、产量高,还要注意肥水和病虫害防治工作。如天气干旱,应及时浇水;每年要中耕松土,在行间最好套种绿肥,5 月间翻压入土或者浇施人畜粪尿。

虫害有香椿毛虫、云斑天牛、草履介壳虫等,可用杀螟杆菌等农药防治;病害有叶锈病、白粉病等,可用波尔多液、石硫合剂等药剂防治。

(3)采摘 普通栽培和矮化密植栽培的香椿,一般在清明前发芽,谷雨前后就可采摘顶芽,这种第一次采摘的称头茬椿芽,它不仅肥嫩,而且香味浓郁,质量上乘;以后根据生长情况,隔 15～20 天采摘第二次。新栽的香椿每年最多收 2 次,3 年后每年可收 3 次,产量也相应增加。至于保护地栽培的,通过加温冬季也可采摘,如不加温,可在早春提前供应树芽。

5.温室矮化密植栽培技术

香椿芽萌动对温度的要求不高,可利用塑料大棚、日光温室等保护设施,对已通过休眠的香椿苗木进行假植。在一定的温湿度条件下,利用苗木本身体内所贮藏的养分抽生短枝,进行矮化密植栽培。产品可在元旦、春节期间上市,并一直持续到清明前后,从而达到提早供应、调剂市场的目的。

日光温室香椿的矮化密植栽培技术的关键是培育数量足够、高度适当矮化、健壮的香椿苗。栽培方式是春季用种子开始繁殖育苗,进入秋冬季休眠结束后开始移苗入棚假植发芽,翌年再把发芽过的密植苗平茬或清理出棚,重新进行下一轮循环栽培。

(1)选用适宜品种 保护地香椿一般选用萌芽力强、香味浓、休眠期短的红芽香椿品种。

(2)培育幼苗

①苗床准备。苗床选择地势高燥并且旱可浇、涝能排、土层深厚肥沃的地块,每亩施入腐熟有机肥 5000 千克、氮磷钾复合肥 50 千克、过磷酸钙 60 千克。耕深 0.3 米左右,耕细整平,做成宽 1.5 米的高畦。

②浸种催芽。精选当年收获的饱满种子,搓去翅膜,用 8% 盐水精选后,用清水淘洗 2～3 次。然后用 40～45℃温水烫种 30 分钟,再用种子量 2～3 倍的温水浸泡 12 小时,捞出冲洗后沥净水,用白棉布包好,放在 20～25℃条件下催芽。每天翻动 1～2 次,并适当洒水保湿,当 30% 以上种子露白时可以播种。

③精心播种。一般情况下,3 月上旬就要利用温室大棚进行播种育苗,播种量按照每亩用香椿种子 3～4 千克的标准进行播种。露地一般在 3 月下旬播种,播种前将苗床浇透水,撒种后覆细土 1 厘米左右。

④细心管理。播种后覆盖地膜保温、保湿,如露地育苗遇寒流时插小拱棚,夜间覆盖薄草帘使温度维持在 25℃左右。5～6 天出苗,出苗后撤去地膜,齐苗后加大小拱棚通风量,白天温度维持在 20℃左右,夜间为 13～15℃;幼苗 2～3 片叶时撤去小拱棚,间苗除草;3～4 片叶时分苗 1 次,苗距 10 厘米左右,并加强水肥管理。

⑤分苗。当小苗长出 7～8 片叶、20 厘米高时定植。4 月中下旬待苗高 5 厘米左右时再用营养钵分苗(规格 8 厘米×8 厘米)。5 月下旬,当香椿苗长到 10 厘米左右时,可移植到露地培育大苗。

(3)培育大苗

①施肥整地。选择土层深厚、疏松透气的地块。根据建棚的要

求,在棚框内的栽培地上每亩施入腐熟有机肥 5000 千克、过磷酸钙 50 千克,然后深翻整平,做成南北走向 1.5 米宽的平畦。

②合理密植。在定植前 1 天起苗,对幼苗进行分级,每畦栽种 4 行,株距 15～16 厘米,每亩栽植 1.2 万株左右。

③定植后管理。积极做好施肥、灌溉、中耕、病虫草害防治等工作。缓苗后及时中耕除草,防止土壤板结。6～7 月份根据天气和土壤墒情浇水 2～3 次。此后,随气温的逐渐下降,香椿开始生长,对长势特别好的植株可以摘心,促使其萌发侧芽;对长势差的植株结合浇水施肥 1～2 次,每次每亩施 10～20 千克尿素。同时根据植株长势,8 月初对长势好的侧芽进行摘心,进入 9 月份停止氮肥的使用,9 月初期结合浇水穴施磷、钾肥 30～40 千克/亩,分 2 次施入,以后停止浇水,使每株具有 3～4 个侧枝,株高在 1 米左右。

④矮化处理。7 月底到 8 月下旬,当株高 50 厘米左右时,需要进行苗木的矮化处理。可喷施多效唑 200～400 倍液,每隔 10～15 天喷施 1 次,连续喷施 2～3 次。给香椿喷洒矮化剂时,应该喷洒在香椿的生长点上。还应注意的是,因为每棵香椿的高矮都不一样,所以比较矮的植株就要少喷或者不喷,高的植株则要多喷点。使用矮化剂以后可以控制苗木徒长,使苗木矮化,增加物质积累。进行多效唑矮化处理,可以增加分枝数,有利于提高以后香椿芽的产量。

(4)移植　11 月中下旬,经过 15 天左右的低温,渡过了休眠期,就可以将香椿苗木移植到大棚或温室内。方法是:先在大棚或温室内沿南北向做畦沟(高埂低畦状,畦沟深 25 厘米、宽 1.5 米,畦埂高 20 厘米),然后将苗木按南矮北高的顺序密植于畦沟内。移植密度为,一年生苗木每亩定植 120～150 株,多年生苗木 100～120 株,育苗用地面积约为移植地面积的 1/10。移植苗木时,先在沟内培土 20～25 厘米,每畦内施尿素或磷酸二铵 2.5 千克,浇透水,然后覆土 15～20 厘米,埋土 5～10 厘米至茎基部,并灌水将畦内土壤沉实。

(5)建棚及其管理

①及时建棚扣膜。10月下旬,修建日光温室,选择优质无滴膜,扣膜后加大通风量。11月份,气温逐渐下降,要覆盖草帘。先期草帘早揭晚盖,随气温继续下降,为保持温度,要早揭早盖。12月中下旬进入一年最冷的季节,可在棚室内生炉提温;但炉子一定要有密封性很好的烟道,使用无硫煤,或沿畦向插小拱棚,可使温度提高2~3℃,但是插小拱棚后应加强通风排湿,防止晴天温度过高。

②温度。定植后白天棚温控制在18~26℃,达到28℃时要及时通风;夜间要控制在12~15℃,一般不低于10℃。温度高则芽生长快,并且萌芽瘦弱、纤维增多、不易上色、味道差,影响品质;温度低则椿芽生长慢、产量低。

③湿度。保护地湿度对椿芽的萌发和生长影响很大,湿度过高会使棚内温度降低而推迟萌发,萌发的椿芽瘦弱,颜色淡;湿度小则会使小椿芽萎缩、生长减慢、质量差;空气相对湿度应维持在60%~70%。因此,进入11月中下旬,要覆盖地膜,降低空气湿度,浇水后及时通风排湿。

④肥水。萌芽至采收前一般不追肥、浇水,第一次椿芽采收后每亩追施尿素15~20千克,以后20天左右选晴天追肥1次,一般每亩施入尿素15千克,追肥后浇水,根据植株长相选晴天叶面喷施0.2%~0.3%尿素和0.2%磷酸二氢钾。

⑤恶劣天气。出现恶劣天气时,要在保证温度要求的情况下,白天应尽量揭开草帘,使植株见光,不能连续几天不揭帘子。如遇大风天,要注意防风,把草帘压牢,防止被风吹掉而冻伤香椿植株萌动的幼芽。遇雪、气温低时,夜间要防止低温冻害,注意保温覆盖。在雪后天气突然放晴时,要避免椿芽突然遭强光暴晒。如果部分植株幼芽已经萎蔫,晴天可卷起部分草帘,使棚内温度缓慢升高,待气温较高后,再卷起剩余草帘。阴天、雨雪天要停止浇水,以免降低土温,造成棚内湿度增大而诱发病害。在降雪量大时,还应

及时除雪，以免压坏大棚。

⑥病虫害防治。香椿树抗病性很强，一般不必打药，可以获得无公害的香椿芽。种植香椿主要应该预防蚜虫和白粉病。可以利用吡虫啉600～800倍液或信生800～1000倍液进行防治。一般来讲，应该在发生病虫害以后进行一次喷施，以后可以每隔7～10天喷施1次。根据以往的种植经验，总共喷施3～4次即可。此外还要注意，喷施完农药7～10天以后才能够进行采收。

(6)及时收获 温室内的香椿经过精心护理，在温度适宜条件下，逐渐地长出鲜嫩的小芽。一般扣棚后45～50天，12月中旬当香椿芽长到20厘米左右、色泽紫红时，可保留芽基部1～2片叶，就可以开始采收了。由于在温室内各个部位栽的苗木粗细高矮不等，萌芽期也有所不同，所以每隔4～5天就可以采收一次。温室香椿芽可以从12月中旬一直采收到4月中下旬，每亩可以产香椿芽800～1200千克。

因为香椿的顶芽品质最好，所以这时不要采收香椿的顶芽，应该等到春节的时候再进行采收，以提高效益。采收时，要挑选达到相应长度的香椿侧芽进行采摘，留下幼小的香椿芽，等到它们长到足够长度时再进行采摘。如果采摘的香椿芽过长，纤维就会增多，影响食用口感。如果采摘的香椿芽比较幼小，不仅会降低产量，而且影响经济效益。特别要注意温室内的香椿比较娇嫩，采收时应该注意不要损伤幼芽和树体，以免破坏隐芽的萌发力从而降低产量。春节期间香椿的价格比较高，可以把香椿的顶芽和侧芽全部采收，以提高产量，从而提高经济效益。将采下的香椿芽按0.2～0.3千克捆成一把，放进食品箱内进行妥善保管，以防止香椿变质。

(7)平茬移栽 4月中旬香椿芽基本采收完，此时要将香椿苗在距地面15～20厘米处平剪，整形后每亩施尿素15～20千克、磷钾肥20～30千克，同时浇水。此后管理同一年生椿苗。

6.食用方法

香椿以嫩芽、嫩叶供食,可鲜食、炒食、凉拌、腌制,香味浓郁,脆嫩甘美,营养丰富,为古代进贡皇室的贡品,被誉为"木本佳菜"。香椿应吃早、吃鲜、吃嫩,谷雨后,其纤维老化,口感乏味,营养价值也会大大降低。

香椿的食用方法繁多,根据不同的地域和个人的口味爱好以及饮食习惯有不同的吃法,最常见的有盐浸香椿、香椿拌豆腐、香椿炒鸡蛋、香椿拌鸡丝、油炸椿芽鱼等。将洗净的香椿和蒜瓣一起捣成泥状,加盐、香油、酱油、味精,制成香椿蒜汁,用来拌面条或当调料,更是别具风味。

注意事项:香椿为发物,多食易诱使痼疾复发,故慢性疾病病人应少食或不食。烹调时,应用开水烫后食用,以降低香椿本身亚硝酸盐的含量。

七、马 兰

马兰,学名 *Kalimeris indica*(Linn.)Sch.,别名马兰头、鸡儿肠,为菊科马兰属多年生宿根草本植物,以嫩茎叶作蔬菜食用。马兰原产于亚洲东南部,在长江流域分布较广。我国很早就将马兰作为蔬菜食用,以江苏、安徽等地采集食用较为普遍。

图 2-7　马兰

随着人民生活水平的提高和保健意识的增强,人们对蔬菜等副食品的需求也发生了深刻的变化。野生蔬菜马兰逐渐成为广大菜区的时兴蔬菜品种,农家争相种植。因此,开发野生马兰资源并大力发展人工栽培技术是农民致富、国家创汇的一条途径。

1.营养保健作用

每 100 克新鲜马兰含蛋白质 5.4 克、脂肪 0.6 克、纤维素 1.6 克、碳水化合物 6.7 克、灰分 1.2 克、胡萝卜素 2040 微克、维生素 A 340 微克、维生素 B_1 60 微克、维生素 B_2 130 微克、烟酸 800 微克、维生素 C 36 毫克、维生素 E 0.7 毫克、钾 285 毫克、钠 15.2 毫克、磷 106 毫克、钙 67 毫克、镁 14 毫克、铁 2.4 毫克、锰 0.44 毫克、锌 0.87 毫克、铜 0.13 毫克、硒 0.75 微克。

由于马兰营养十分丰富,尤其是维生素含量很高,它对人体多项生理功能均可产生很大影响,对保护视力、保护上皮细胞、增强抵抗力、防止动脉硬化、防止致癌等均有重大作用。

马兰性凉,味辛,有清热解毒、凉血、消食开胃、利湿等功效。可治扁桃体炎、急性咽喉炎、口腔炎、牙周炎、结膜炎,也可治各种出血,还能治黄疸、疟疾、水肿、淋浊、喉痹、痔疮、丹毒、痈肿、青光眼、蛇咬伤等。

2.特征特性

(1)形态特征　马兰植株丛生,茎高 40～70 厘米,粗 0.5～0.7 厘米,紫红色或绿褐色,分枝多。有地下匍匐茎,生于 10～20 厘米土层内,白色,粗 0.5～1 厘米,匍匐茎有节,节间长 2～3 厘米,每节均能萌发侧芽。主根粗,侧根细小,不定的细根着生在主根周围。

叶互生,质厚,紫红色或深绿色,无叶柄;中下叶倒卵状披针形或倒披针形,长 7～10 厘米,宽 15～25 毫米。顶端钝或尖,基部渐狭,有疏齿或羽裂;上部叶渐小,全缘,两面有疏毛或近无毛。

头状花序单生于枝顶,直径约 2.5 厘米;总苞半球形,总苞片 2～3 层,倒披针形或卵状披针形,顶端尖或钝,边缘有纤毛,略带紫色;缘花 1 层,舌片淡紫色;盘花多数,管状。瘦果扁,有毛,深褐色,倒卵状长圆形,长 1.5～2 厘米,冠毛长 0.1～0.3 厘米,易脱落。花果期 6～10 月份。

(2)**生长环境**　马兰适应性广,可生于田埂、山坡、林缘、草丛、溪岸、路旁等湿地,对土壤要求不高,但以肥沃湿润土壤为好。

抗寒耐热力很强,在32℃以上能正常生长,在-10℃以下能安全越冬。当地温回升到10~12℃,嫩叶嫩茎就开始迅速生长。气温在15~18℃之间植株生长旺盛。种子发芽的适温为20~25℃。

马兰对光照条件要求不严,可采用遮阴软化栽培;耐涝,短期内积水不会损伤植株生长。

野生马兰一般于春季4~5月份、秋季10~11月份开始采摘供食。春季栽培马兰的萌芽长约12厘米时即可采收,成丛生长后用刀割,留茬3~5厘米,有新芽长出即留3~4片叶摘尖。

3.类型和品种

(1)**品种类型**　根据自然分散群体,马兰大体分为2种类型。以叶梗色泽分,有红梗、青梗2种;以叶形分,有椭圆形和披针形2种,椭圆形的边缘几乎无锯齿形,披针形的叶缘有深凹,呈锯齿形。香味以红梗较浓郁,披针形与野生相似,采集时可从香味和叶脉上区别。

(2)**主要品种**
①尖叶种。叶片窄长,早春萌发早,生长快,上市早,产量一般。
②板叶种。叶椭圆形,叶片大而厚,萌发比尖叶略迟,产量高,品质好。
③碎叶种。叶片小,叶缘锯齿深,萌发迟,产量低。

4.高产栽培技术

(1)**选地与整地**　要选择湿润肥沃和杂草少的地块。整地时做成宽2米(连沟)、沟深15厘米的高畦,以利排水和灌水。翻耕土地不需要太深,但畦面要平整,土粒要细。

(2)**繁殖技术**
①播种。一般都在春季播种,在2月下旬至3月上旬利用保护

地进行播种。因春季温度较低，以适当多播为好，每亩用量 500～750 克。种子细小，为播种均匀，播前将种子与 3～4 倍的干细土(或沙子)混匀。条播时按行距 25 厘米左右开深 3 厘米的浅沟，将种子顺沟播下，穴播按株行距 25 厘米×25 厘米播种。播后轻镇压，再浇足底水，用地膜覆盖。种子萌芽出土后，揭掉地膜，保持畦面湿润。

②分根繁殖。将采收结束的植株连根挖起，剪去多余过长老根，去除腐根。把已有根的侧芽(或植株)连同根切下，移栽到整好的畦面上，按株行距 25 厘米×25 厘米栽植，每穴 3～4 株，踏紧后浇足底水，7～10 天即可活棵。秋季栽种于 8～9 月份进行，挖取地下宿根，地上部留 10～15 厘米，剪去老枝及衰老根系，方法同上。

(3)田间管理　播种后，只要气温暖和，土壤干湿适宜，15 天左右就能出苗。但在干旱情况下，播种后要经常浇水，保持土壤湿润，才能早出苗。出苗后，每隔数日浇水 1 次，保持田间湿润。

当幼苗有 2～3 片真叶时，可进行第一次追肥，施用稀薄的人粪尿水或淡尿素水；第二次追肥宜在采收前 5～7 天施入，以后每采收 1 次追肥 1 次，施肥量不宜过重。

马兰植株幼小，又是撒播，往往与杂草混生，除草困难，费工也多，因此，应选择杂草较少的土地种植，且需及时除草。

野生马兰很少产生病虫危害，覆盖后注意对白粉病的防治。发病初期喷洒 15％三唑酮可湿性粉剂、三唑酮乳油 2000～2500 倍或 40％多硫悬浮剂 600 倍液，2％农抗 120 水剂或 2％武夷菌素水剂 150～200 倍液，隔 7～10 天喷洒 1 次，连续防治 2 次。

(4)采收　2 月下旬播种，因气温较低，要到 4 月上旬(清明节前后)才能采收第一次。马兰采收要很仔细，采收得好，可以提高产量。采收时，要挑选大的剪，把小的留下来，以便进一步生长后采收；出苗密的地方，即使较小的植株也要采收，以利其他植株发棵，均匀生长。为了保证马兰的质量，要根据马兰的生长情况进行采收，茎白叶绿的马兰是幼嫩的，茎已发红，叶已转为黄绿，说明马兰开始转老。幼嫩的可以采收长一些,变老的要采得短一些。经第一次采收后,马兰又能抽发萌生,此时要及时追肥,促进其生长,隔一段时间又可采收,一般采3～4次。

(5)**留种** 留种植株不宜摘尖,马兰在夏末开花,华北地区种子于10月中旬陆续成熟。当头状花序由绿色转为黄褐色时要及时采种。用手把果盘摘下。过熟时风一吹容易脱落,不易采摘。

(6)**大棚马兰栽培技术** 大棚栽培马兰主要以分株繁殖为主,每年春季或秋季均可进行。种子播种以9月下旬至10月中旬为宜,可撒播、条播、穴播,10月中旬开始覆盖,11月下旬至12月初可采收上市。以后剪高留低,分批采收,一直延至第二年5月份,比露地栽培可提早3个月上市。

5.食用方法

马兰的幼苗及嫩叶为其食用部位。马兰嫩茎叶清香爽口,沸水烫过后,做凉拌菜、汤料或炒食。也可制干菜、腌咸菜,或加工成不同口味的罐头。

将马兰的幼苗及嫩叶洗净后,可加入白糖制成马兰饮;可炒熟后与腐竹、豆腐干凉拌;可与熟火腿、熟鸡肉、鸡蛋、猪肝炒食;可与五花肉红烧;更可与莲子、鹌鹑煲汤,营养极其丰富。

注意事项:一般马兰的味辛涩,所以食用前要用沸水烫,揉搓出泡沫,清除涩味。另外,寒性体质者不宜食用,孕妇慎用马兰。

八、藤三七

藤三七,学名 *Anredera cordifolia* (Tenore) van Steenis,别名洋落葵、串花藤、川七、寸金丹、落葵薯、拟落葵、类藤叶等,为落葵科洋落葵属多年生蔓生草本植物。藤三七原产于巴西,在我国江西、云南、四川、湖北等很多地区都有栽培,它的最大特点是药食兼用,营养保健,其叶片、嫩梢、珠芽、根部块茎都能食用,可以说浑身是宝。

藤三七具有高抗病虫害的优点,无论是露地栽培还是温室栽培,在管理得当的情况下,一般不用施任何农药,是一种难得的天然绿色保健食品。随着人们生活水平的不断提高,保健意识的日益增强,藤三七作为绿色保健蔬菜具有大面积推广种植的价值和广阔的市场前景。

图 2-8　藤三七

1.营养保健作用

藤三七富含蛋白质、碳水化合物、维生素、胡萝卜素等,尤以胡萝卜素含量较高,每 100 克叶片含蛋白质 1.85 克、脂肪 0.17 克、总酸 0.10 克、粗纤维 0.41 克、干物质 5.2 克、还原糖 0.44 克、维生素 C 6.9 毫克、氨基酸总量 1.64 克、铁 1.05 毫克、钙 158.87 毫克、锌 0.56 毫克。

藤三七的粗纤维含量较高,磷、钙、镍、镁、铁等矿物质含量丰富,干物质粗蛋白的含量在 26％以上,含有 17 种氨基酸,因此,食用藤三七对补充矿物质和蛋白质营养,维持人体正常生理功能有较好保健作用。此外,藤三七还具有高钾低钠特点,而高钾低钠饮食具有降低血压作用。藤三七具有滋补、壮腰健膝、消肿散淤及活血等功效,在抗炎症及保肝方面也有良好的效果。

2.特征特性

(1)形态特征　藤三七为肉质小藤本,须根系,主要根群分布于表土层。茎蔓生,圆形,嫩茎绿色,长成熟后变成棕褐色,左旋性缠绕生长,节间处易发生不定根。单叶互生,长 7～10 厘米,宽 5～7 厘米,肉质肥厚,心脏形,光滑无毛,有短柄,腋芽活跃,易生侧蔓,可抽出多级侧蔓;嫩茎梢肉质,浅绿色带紫,老茎木质化,紫红色。叶腋均能长出瘤块状的绿色珠芽,直径3~4厘米。茎基部也可长出株芽团。夏季自叶腋上方抽生穗状花序,花序长达20厘米,花小,下垂,花冠5瓣,白绿色,花期长达3~6个月,但不结实,很难获得种子,故一般利用珠芽及扦插等无性繁殖方法进行繁殖。

(2)对环境条件的要求

①温度。喜湿润的气候条件,耐高温高湿,茎叶生长最适宜温度白天为25~30℃,夜间为15℃左右;根系和地下块茎适宜生长的地温为20~22℃;其耐低温能力比木耳菜强,也能耐短时的0℃左右的低温。

②光照。喜光但怕强光,在阴天光照弱时植株生长不健壮,但光照条件太强时,生长速度慢,产品纤维增多,品质差。

③水分。喜湿润的空气和土壤条件,但有一定的耐旱能力,适宜在浇水条件较好的地块种植。

④土壤和营养供应。对土壤的要求不严格,但应选择透气性良好的砂壤土和壤土栽培较为适宜。需肥量较多,以氮、磷、钾肥料配合施用时生长健壮,产量高、品质好。若氮肥施用过多,会造成品质差和易感染病虫害。

3.栽培方式

藤三七在春、秋、冬三季都可以栽培,保护地、露地都可以种植,以春、秋两季栽培长势最好。藤三七是蔓生蔬菜,以采摘嫩梢和叶片食用。以采摘叶片为主的,最好采用搭架或者吊蔓栽培的方法,也可以采用地爬式栽培的方法。藤三七茎节上容易生根,爬地栽培有利于植株吸收土壤的养分,使茎叶能够生长迅速,采收也较方便。但不足的是爬地栽培前期由于植株着地,叶片上容易附着砂土及其他污物,影响叶片的品质,在后期不能中耕,不利于补充有机肥,需要通过整枝、修剪等措施来加强田间管理。以采摘嫩梢为主的,应采取搭架栽培的方法,当苗高30~40厘米时及时搭架使其攀援,同时进行修剪,促使侧芽快速萌发。

4.栽培技术

(1)繁殖方法　藤三七繁殖的方法有2种,分别是茎蔓扦插法和珠芽繁殖法。珠芽繁殖法是指在植株的叶腋摘取珠芽或茎基部的珠芽团,如用珠芽团则需剥离成单个珠芽,直接种于本圃。或利用育苗盘育苗,约3周左右即可成苗。一般生产中主要采取茎蔓扦插法。茎蔓繁殖法要领如下:

首先,在温室内准备好苗床,苗床的长度为5~6米,宽度为1.2~1.5米。营养土的配方为2/3的食用菌下料和1/3的园田土,搅拌均匀,加入适量干鸡粪,撒在苗床上,用耙子耙细整平。营养土厚度一般为10厘米左右。

其次,剪取1年以上生的藤三七茎蔓枝条,枝长15厘米左右,每个枝条上要有2~3个节位,以保证发芽率。顺着叶片的生长方向插入土中4~5厘米深,保持适当的间隔,便于发根生长,一次浇透水后不需要补浇第二遍水。最好用竹片在苗床的两侧插出拱棚,要用力插深些,使竹片牢固,然后用塑料布扣棚,周边用土封严有利于藤三七的成活。

第三,注意加强管理。扦插后的日常管理非常重要,在1~7天内,白天的温度应控制在25~30℃,夜间也不能低于10℃,7天后白天温度应保持在22~25℃,夜间控制在6~8℃;扦插后的3天内应适当遮光,第4天后再逐渐撤去遮阳物,以利于植株正常的成活,7天后再进行适当的通风炼苗,为以后的定植做好准备。

(2)整地做畦　整地时每亩撒施充分腐熟的农家肥5000千克,不能用化肥,这样才能保证藤三七的药用价值不受到化学肥料的污染。用铁锹深翻40厘米左右,将园田土和施入的农家肥翻匀,使土壤疏松,利于种苗根系的生长发育;耙细整平,采用高畦栽培的方法做出宽1.2米左右的畦,先做出畦埂,埂高20厘米,宽30厘米左右,用双脚踩实,接下来在高畦内做出双垄,垄距45厘米左右,深15～20厘米。在早春或冬季定植时,采用这种方法可以提高地温,促使藤三七的幼苗能正常的生长。

(3)定植

①育苗定植。用已经育好的成苗,按株行距17厘米×20厘米挖坑栽苗,小水稳苗,将垄上的田土回填入沟内,并扶正种苗,最后培土,每亩栽植5000～5500株。适当密植有利于提高前期产量。定植后应浇足定根水。

②以茎蔓、株芽或块茎直接栽培。在春、秋、冬三季,茎蔓扦插成活率高,珠芽和块茎的成活率更高,因此可在成株中剪取有气生根的分生节、株芽或块茎,按栽培规格直接定植于大田。在炎热的夏季,茎蔓扦插成活率低,可以用珠芽或块茎直接栽培,但珠芽或块茎直接栽培的苗期较长。

(4)田间管理

①水分管理。藤三七长势强,叶片肉厚,生长期间水分蒸发量大。虽然藤三七比较耐干旱,但是为了获得高产优质的产品,需要提供较多的水分,特别是在高温季节,应及时浇水,宜经常保持土壤湿润。在多雨季节,则应注意排水,防止土壤积水,以免根系受害。

②肥料管理。藤三七除了栽培时施足底肥外,生长时要求有充足的氮肥和适量的磷钾肥供应。一般每采摘1～2次后要穴施一次腐熟细碎的农家肥,每亩用量为300～500千克,也可追施经过高温消毒的膨化鸡粪,每亩施200千克左右,还要及时中耕除草,以增加土壤的透气性。

③植株调整(整枝、摘心与除花序)。藤三七分枝性强,茎蔓交叠,生长繁茂,在生产中需通过整枝、修剪、摘心等措施来控制植株的生长和发育。具体采取何种措施应根据植株生长势、栽培方式、定植密度、气候条件等而定。

采用爬地栽培的,在蔓长30～40厘米时摘除植株生长点,可促发粗壮的新梢、增大增厚叶片、促进叶腋新梢的萌发。以后随着茎蔓的伸长再摘除其生长点。入秋后地上部的老茎蔓剪除,用有机肥拌土进行培肥培土,有利于植株复壮。

采用搭架栽培的,秋季会出现花序,要及时摘除这些嫩梢,以控制花序的发生。整枝、摘心及除花序可促使叶片肥厚柔嫩、新梢粗壮,达到提高产量和品质的目的。

(5)病虫害防治　藤三七的叶片略具苦味,虫害很少。露地栽培时,在夏季雨水多时会发生落葵蛇眼病,为害叶片,叶斑近圆形,边缘紫红色,分界明晰,斑中部黄白色至黄褐色,稍下陷,至薄,有的易穿孔,严重时病斑密布,不能食用。防治方法:适当密植,避免浇水过量和偏施氮肥。

5.采收

藤三七可一次种植,多年收获,通常以采收嫩梢或成长的叶片为产品。嫩梢产品通常在茎蔓伸长到一定程度时摘取,一般嫩梢长12～15厘米;叶片产品则是采摘厚大、成熟、无病虫的叶片。适时采收能促进叶片增大、增厚,是提高产量与品质的有效途径,同时也便于田间管理。

一般藤三七在定植后 30 天左右即可采收。定植 2 个月后进入盛产期,平均每株每月可采摘叶片 300～400 个,采收期约 6 个月。另外,大面积栽培时以清晨采摘为好。

藤三七较耐贮运,鲜叶片采收后可以用保鲜膜包裹,存放于 5℃左右的条件下,一般能保存 7～10 天。藤三七如果栽培管理得当,四季均可采收,每亩产量可达 3000～4000 千克。

6.食用方法

藤三七以珠芽和叶片作菜用,嫩叶或嫩梢肉质柔滑,质脆嫩,有淡落葵味,口感滑润,非常适合普通家庭日常食用。食用方法简单,有涮火锅、炒食、做汤、凉拌等多种方法。

凉拌：一般需要用开水焯一下，在开水中放入少量食盐，再滴入几滴食用油，一方面能使叶片颜色鲜嫩，另一方面也不会破坏其营养。不加盐和油则会损失一些营养物质。焯过之后可以加入蒜泥、精盐、香油等搅拌，拌匀后即可。

炒食：先用开水焯，开锅后加入水中 10 秒后捞出，可以加入香菇、海米等炒食。

藤三七珠芽可做汤，或炖鸡，有滋补作用。

注意事项：孕妇应慎用。

九、地 肤

地肤，学名 *Kochia scoparia*（linn.）Schrad.，别名地麦、落帚、扫帚苗、扫帚菜、孔雀松等，为石竹亚纲石竹目藜科地肤属一年生直立草本植物。地肤在全国各地均有分布，原野、路旁、山脚都有生长。蒙古、朝鲜、日本、印度、欧洲及俄罗斯西伯利亚等地区也有生长。

图 2-9　地肤

地肤的嫩茎叶可作保健蔬菜食用，全草入药，种子既是中药材（地肤子），又是理想的油脂原料。目前，地肤还处于野生状态，尚未开发利用，市场潜力巨大，极具开发价值。

1.营养保健作用

每 100 克地肤鲜茎叶中含粗蛋白 5.2 克、粗脂肪 0.8 克、纤维素 2.2 克、碳水化合物 8 克、胡萝卜素 5.72 毫克、维生素 B_2 0.31 毫克、维生素 C 62 毫克、钾 702 毫克、钠 62.4 毫克、钙 281 毫克、镁 118 毫克、磷 66.3 毫克、铜 6.48 毫克、锌 0.52 毫克、锰 0.42 毫克、锶 1.88 毫克。另外，其茎叶中含有生物碱、皂甙；花穗含甜菜碱；种子中还含有三萜皂甙、齐墩果酸及混合脂肪油。

地肤苗味苦、性寒、无毒,有清热解毒、利尿通淋等功效,主要用于治疗赤白痢疾、泄泻、热淋、目赤、夜盲等。现代药理分析认为,地肤子含有三萜皂甙、脂肪油等成分,其水浸剂对皮肤真菌有不同程度的抑制作用。地肤能减肥、降脂、降血压,还能保护心脏,上治头而聪耳明目,下入膀胱而利水去疝,外去皮肤热气而令润泽。其保健功能显而易见,正受到广大消费者的重视。

春、夏季采嫩叶茎,开水烫后作菜肴食用,吃起来有粗糙感。对于藏污纳垢的身体,地肤像是一把扫帚,吃一顿,等于给身体进行了一次大扫除。

2.特征特性

(1)形态特征 地肤株高 50～100 厘米。茎直立,分枝很多,具条纹,如扫帚状,绿色,秋后呈淡紫红色,有柔毛。单叶互生,线状披针形,通常有 3 条明显的主脉,边缘有疏生的缘毛。花两性,小,单生或数朵簇生于叶腋,无梗,胞果扁球形,包于花被内。种子横生,扁圆形,黑色。花期为 6～8 月份,果期为 8～10 月份。

(2)生长环境 地肤喜温,喜光,耐干旱,较耐碱土,不耐寒;对土壤、气候要求不严;多生长于荒地路旁、沟边或杂草丛中,但在荫蔽处生长不良。

3.地肤类型

①叶线状披针形,色浅绿,全株成头状成椭圆形,多作观赏栽培。

②叶梗狭长,全株成卵形或球形,入秋变成紫红色,称"孔雀松",可食用。

③叶较为宽阔,茎略呈紫红色,叶色较浓绿,生长更粗放,可食用。

4.栽培技术

(1)土地的选择 地肤耐旱,对气候条件要求不严,但喜欢向阳,在荫蔽处生长不好。所以应该选择平坦、肥沃、向阳、排水良好又具有灌溉条件的砂质土壤。

(2)整地做畦 种植地块确定以后,在3月下旬要施足基肥,一般每亩施优质农家肥3000~5000千克。在施用农家肥的基础上再施用复合肥50千克。

肥料施好以后,将土地深翻25~30厘米,对土壤进行晒垡,主要是消灭根块类杂草和地下越冬的害虫,这样,可以减少病虫的危害。

播种前6~8天,将晒垡的土地进行平整。根据地势和气候条件做畦,地势平坦的做成长畦,地势起伏的做成短畦,一般畦宽为2~2.5米。注意:畦埂要坚实,畦面要平整。

(3)繁殖方法

①种子直播。一般在4月中上旬,主要是用种子繁殖。选择种子时应该注意,最好选用没有病虫害、生长健壮的植株所结的种子,以提高出苗率。每亩用种量约500克左右。

将选好的地肤种子拌入草木灰,搅拌均匀,一方面可以保护种子,另外可以增加土壤中的有益微生物,把土壤和空气中植物不能直接利用的元素变成植物可吸收的养料,从而促进地肤的生长发育。

如果土壤过旱,应在播种前浇水,保持土壤湿润,以利于种子发芽,待土壤稍干爽后,对土壤进行浅翻。翻地不宜过深,一般为5~6厘米,整平耙细,要反复地细耙,使土块细碎,防止畦内包埋土块或者杂物,影响地肤的发芽和根系的生长。

地肤的播种一般都采用条播法,用工具在畦面上按行距50厘米左右开出小沟。注意:开出的小沟不要太深,一般为4厘米左右。如果开沟过深,则不利于种子的发芽。

将拌好的地肤种子均匀撒入沟内,用锄轻轻顺沟推一下,使种子与土壤紧密地接触，然后用铁耙耧一遍，保持畦面的平整。播后要保持湿润，有条件的可覆盖地膜，如果土壤干旱，可浇1次水，这样可以提高种子的发芽率。地温为16～18℃时，10～15天就可以出苗。播后地温在20～25℃时，大约1周就可以出苗。

②育苗移栽。春季提早在温室或阳畦进行，用育苗盘或营养土方育苗，苗高15厘米左右时带土坨移栽。春季露地育苗应选择背风向阳、排水良好的砂质壤土作苗床，浇透水后撒播。播后覆盖塑料薄膜保温保湿，6～10天苗出齐，然后间苗1次，去弱留壮，等幼苗长出6～10厘米时可移栽定植（苗过大不易成活）。育苗移栽主要用于观赏地肤而栽于盆中或路旁、花坛以及收获地肤种子。

(4)田间管理

①幼苗期的管理。幼苗期是指出苗以后到6月中旬。出苗以后太过干旱应该浇水，保持土壤湿润，因此是否浇水要看土地的情况。天不旱不浇，防止土壤水分过多，影响地肤苗的生长。当苗高7厘米左右的时候，用小锄松土，划破地皮即可，防止伤幼苗根。地肤生长发育良好的关键措施是中耕除草，主要是将土壤疏松，提高地温，调节土壤水分，铲除杂草，这样才能够促进根系的发育，保证地肤的幼苗健壮生长。这一时期一般中耕除草2～3次，间隔期为15天。当苗高15～20厘米时，间去过密的弱苗小苗。当苗高20～25厘米时，按行株距50厘米×(10～15)厘米进行定苗。

②生长期的管理。生长期是指6月下旬到9月中旬，6月下旬当苗高30厘米以上时，地肤就进入了生长期。这一时期要经常注意中耕除草，保持田间土松、没有杂草，一般20天左右进行1次，中耕2～3次。

7月份是地肤的开花期，在这一时期地肤需肥较多，一定要供给充足的养分。一般每亩施尿素40千克，并可配施少量的磷肥和钾肥。地肤进入生长期以后，成株的抗旱能力增强，一般可不再进行浇灌。夏季久旱不雨，植株呈萎蔫状况时应进行浇水。注意每次施肥以后要浇水。

③生长后期的管理。生长后期是指9月下旬至10月中旬。9月下旬地肤进入生长后期,根据地肤生长情况的调查,在精细管理的地块中,地肤的长势、药材产量和品质均不如自然生长的好。因此,在生长后期一般不再进行田间作业管理。

④病虫草害防治。地肤在生长季节易受蚜虫为害,幼苗期有地老虎咬食,要及时防治。成长植株会有菟丝子寄生,严重时使植株成片死亡,初发现菟丝子要及早拔除。

5.采收

及时采收是地肤高产、优质的关键。植株长到15~20厘米高时,即可结合间苗采收幼苗,4~7月份可陆续采收嫩茎叶。采收时要保留足够的营养面积,随着植株的生长,采收量逐渐增加。

在进行第1~2次采收时,采收量不要过多,以利于采收后的植株生长和新芽萌发,促发侧枝、争取高产。采收3~4次之后,应对植株进行一次重采,防止侧枝发生过多,导致生长纤弱缓慢。

地肤每隔2~3天即可采收一次,通常可以采收到9月下旬左右。由于地区的差异,有些技术环节需要在生产实践中慢慢地摸索和总结。

种子采收。秋季8~9月份,为植株开始弯黄成熟时收获。选择晴天将植株割下,晒干,用木棒把种子打下,除去杂物贮存备用,或作药材出售。

6.食用方法

将地肤幼苗和嫩茎叶洗净后,用沸水焯一下,换清水浸泡后切碎,拌入肉馅及调味品,用于包饺子、包子或烙馅饼食用,风味极佳;也可凉拌、炒食、腌咸菜,或晒干备用。地肤种子可榨油或入药。

地肤炒肉丝。原料:地肤苗250克,猪肉50克。调料:姜末、料酒、精盐、味精、酱油、食油、白糖、淀粉适量。做法:将地肤苗洗净,入沸水锅焯一下捞出，用清水多次冲洗，挤去水切段。将猪肉切丝，加入料酒、精盐、酱油、淀粉等，拌匀腌片刻（如猪肉中有肥肉，宜加少许白糖，可使其中的肥肉加温后爽口）。烧热炒锅，放生油，随即放入腌过的肉丝，旺火快炒，至肉丝散开并转色，放入姜末炒几下，即放入焯过的地肤、盐，翻炒均匀，即可出锅盛盘。

注意事项：一般人群均可食用地肤，但尿多患者应慎食地肤，消化性溃疡疾病的患者不适宜食用地肤。

十、救心菜

救心菜，也称养心菜，学名 *Sedum aizoon* L.，别名费菜、景天三七、土三七、救心草等，为蔷薇目景天科景天属多年生草本植物。救心菜原产于东亚，我国的救心菜主要分布于东北、西北、华北以及长江流域等地区。其嫩茎叶和幼苗可作菜食，全草入药。

图2-10　救心菜

据史料记载，唐宋时期，野生救心菜广泛分布于全国。因为救心菜种子细小，植株低矮，繁殖能力弱且与杂草抗争能力差，又因救心菜发芽早，根、茎、叶均可食用，所以历经灾荒战乱，人们便大量采食，到明清时期救心菜在我国大部分地区已经绝迹。然而救心菜凭着其耐旱、耐寒和落地生根的顽强生命力，留下了一线生命。

随着时代的发展和科学的进步，人们发现这一古老神奇的植物有着丰富的营养成分和较高的药用成分，对人类健康有着较高的利用价值，中国农林科学院已将救心菜列为重点推广项目。救心菜的开发利用将为地方经济创造新的增长点，具有可观的社会与经济效益。

1.营养保健作用

救心菜嫩茎叶富含蛋白质、纤维素、果糖、蔗糖、景天庚糖等。每

100 克食用部分含蛋白质 2.1 克、碳水化合物 8 克、粗纤维 1.5 克、胡萝卜素 2.80 毫克、维生素 B_1 0.05 毫克、维生素 B_2 0.31 毫克、烟酸 0.9 毫克、维生素 C 96 毫克、钙 315 毫克、磷 39 毫克、铁 3.2 毫克。

救心菜性平和,有解毒消肿、宁心安神、活血止血的功效。主治病症有心脏病、中风、高血压、高血脂、肝炎、痨病、吐血、咳血、跌打损伤等。救心菜对中老年人血管硬化、高血脂、高血压等病症均有很好的缓解和治疗作用。救心菜的服用方法简单,可煎汤、泡开水、泡酒、榨汁服用等。常食可增强人体免疫力,有很好的食疗保健作用。

民间用救心菜防治心脏病屡见效验,因此有人称其为"心脏病草"、"救心草"。救心菜是治疗心血管疾病的一种良好的药物,并可用于复方治疗多种相关疾病,因此具有良好的民间用药基础和极具潜力的药用资源。

2.特征特性

(1)形态特征 救心菜植株高 20~50 厘米。茎肉质,圆且较软,不分枝,基部呈棕褐色,嫩茎绿色。单叶互生,肉质,长披针形或倒披针形,基部楔形,先端渐尖,边缘有细锯齿,表面绿色,背面淡绿色,叶柄极短。聚伞花序顶生,花密集。萼片线状披针形,5 片不等长;花瓣 5 枚,黄色,椭圆状披针形。蓇葖果 5 枚,呈星芒状排列。花期为 7~8 月份,果期为 8~9 月份。

(2)生长环境 救心菜喜温暖的气候,耐寒、耐旱,也较耐阴,怕涝怕渍;花期或花后期易倒伏;对土壤要求不严,但在低洼地不宜种植;野生于山地林间、灌木丛、河岸和阴湿草丛。

救心菜在我国南北各地均可种植。一年定植可连续 20 年收获茎叶。耐−30℃低温,适合露地大面积生产,如采用设施栽培可周年供应鲜菜,口感更佳。

3.栽培技术

(1)整地做畦　宜选择排水良好、向阳、肥沃、疏松的砂土栽种。整地前每亩施厩肥或堆肥 1500～2000 千克,深耕 20～25 厘米,然后耙细整平,做宽 130 厘米的包沟畦。

(2)繁殖方法　由于种子细小,育苗难度大,成功率低,一般不用种子繁殖。可先少量引进带根种苗作母本园,再利用扦插繁殖和分根繁殖扩大育苗。

①分根繁殖。春季植株萌芽前,在 3 月中旬至 4 月初将母株挖起,依老蔸的大小和芽苞生长情况,将母株分成数小蔸,每小蔸有芽苞 2～3 个。随挖随种,在整好的畦面上按行株距各 35 厘米挖穴,穴深 5～8 厘米,每穴栽一小蔸,填土后浇水,如土下陷应再用土填补上,把根部埋好。

②扦插繁殖。当温度为 20～25℃时,剪取木质化枝条,长 8～15厘米,去掉基部叶片,扦插入土 3～5 厘米,浇一次透水,一般 7～10天生根成活,20～30 天即可移栽定植。也可按定植密度在大田直接扦插,整个生长期均适宜扦插。定植密度:行距 25 厘米,穴距 15 厘米,每穴 2～3 株。

(3)田间管理

①中耕除草。栽苗后要避免土壤板结和杂草滋长,适时松土除草,每年进行 2～3 次。

②追肥。新株萌发新芽后,约于 4 月下旬施 1 次薄肥,每亩用硫酸铵 7 千克;15～20 天再追 1 次肥,可用磷酸钙 15 千克/亩,并加施尿素 10 千克/亩。以后每次采收后隔 2～3 天,要轻追氮肥和磷肥 1次。入秋以后施用厩肥和堆肥,可增强其越冬能力。利用保护地进行冬季栽培,仍可继续采收,每次采收后应补肥料。

③灌溉。救心菜较耐干旱,可酌情灌水,一般在追肥时配合灌溉,宜见干见湿。

④病虫害防治。救心菜发生病虫害少,是一种可不用施农药、无污染的蔬菜。

4. 采收及加工

新种植的救心菜在植株长出新芽后采摘嫩茎尖。2 年以后,每年幼苗刚出土时,采摘嫩苗或刚长出的嫩茎叶,采收后的产品即保鲜上市。4~6 月份为旺产季节。一般每亩收嫩菜 3000~5000 千克。

当嫩茎尖生长到 20 厘米左右时,即可采收作蔬菜。每采收 1 次应及时追肥,每亩撒施尿素 5 千克,磷酸二氢钾 2 千克,浇 1 次透水,使肥料充分溶解。

救心菜的叶片稍经揉搓晒干即成茶叶,具有救心菜的有效成分,泡出茶水色、香、味俱佳,饮用后可有效防治失眠、心悸、烦闷等,加糖饮用味更佳。救心菜除降血压外,还可解除酒醉头痛,故又称"救心茶"。每亩可年产干茶叶 80~100 千克。

5. 食用方法

救心菜的嫩苗和嫩茎叶生嚼时口感味甘,微酸,无不良异味,无毒,可作沙拉配菜生食或炒食、做汤。民间采集野生救心菜,常洗净后放入开水锅中烫熟,再放入凉水中浸泡,除去酸味,沥干水分,切碎,加调味料凉拌,或与肉片、腊肉片炒食,菜翠绿、味鲜美。另外,救心菜也是做汤、涮火锅的最佳选择。例如:

糖醋救心菜。原料:救心菜幼梢 200 克,白糖、醋适量。做法:将救心菜洗净,放入沸水中焯一下,捞出晾凉,放入适量的白糖、醋,拌匀即可装盘。

炒救心菜。原料:救心菜 300 克,花生油适量,鲜葱丝、姜丝、精盐、味精少许,辣椒油 3 克。做法:先将救心菜洗净,切成 4 厘米的段待用。然后将炒锅置于旺火上,加入适量花生油,放入辣椒油、姜丝、葱丝炝出味来,投入救心菜翻几下,放入精盐、味精翻匀,装盘即可。

注意事项:孕妇慎用。

第三章
药食同源型保健蔬菜栽培技术

　　根据卫生部公布的既是食品又是药品的药食兼用品名单和人们在长期的生产和生活实践应用中积累的丰富经验，将部分中药材的植物作为蔬菜食用，以期达到预防保健和治疗疾病的目的的植物称为药食同源型蔬菜。

　　我国素有药食同源、药食同理、药食同用的传统，药膳已成为人们养生保健的日常时尚生活方式，是我国灿烂饮食文化的组成部分。

　　回归自然、药食同源已成为一种养生观念。以蔬菜作为食疗滋养与排毒健身的佳品，从吃、喝入手，探讨防病与治未病、保健与增寿，是当今人人关注的热点与焦点话题。

一、蒲公英

　　蒲公英，学名 *Herba taraxaci*，别名蒲公草、食用蒲公英、尿床草、婆婆叮、西洋蒲公英，为菊科多年生宿根草本植物。蒲公英常生长于路边、沟边、宅旁及田野草地，在我国大部分地区均有分布，野生资源十分丰富。

图 3-1　蒲公英

　　蒲公英是一种名贵的药食保健型蔬菜品种，味道独特，营养丰富，同时又是中医良药，我国东北历来就有采食蒲公英的习惯。在欧洲,用蒲公英作蔬菜栽培已经有几个世纪的历史,有专门的栽培品种,如法国的厚叶品种。

蒲公英的栽培技术简单、成本低,市场需求量大,回报丰厚,适合农村群众规模种植。蒲公英人工栽培的发展,为改善我国人民的膳食结构、提高健康水平发挥了积极作用,也为农民致富开辟了一条新的门路。

1.营养保健作用

蒲公英有较全面的营养物质,含有蛋白质、脂肪、碳水化合物和多种矿物质、微量元素和维生素。100 克蒲公英嫩叶中含有水分 81.2 克、碳水化合物 8.0 克、粗纤维 2.2 克、蛋白质 4.3 克、脂肪 1.1 克、热量 203.12 千焦、灰分 3.2 克、胡萝卜素 7.34 毫克、硫胺素 0.035 毫克、核黄素 0.388 毫克、维生素 C 47.10 毫克、烟酸 1.88 毫克;100 克干品中含钾 41.03 毫克、钙 12.15 毫克、镁 4.30 毫克、钠 0.03 毫克、磷 3.98 毫克、铁 233.2 微克、锌 44.2 微克、锰 39.5 微克、铜 14.2 微克。据统计,每 100 克蒲公英中氨基酸总量为 8143 毫克,氨基酸含量高于大多数同类野生植物。研究表明,蒲公英不仅含有蒲公英素、蒲公英醇、胆碱、有机酸、菊糖、葡糖糖甙等营养物质,还含有人体中稀缺的抗肿瘤活性物质硒元素,蒲公英是自然界中罕见的富硒植物,硒含量达 14.7 微克/100 克。

蒲公英全草可入药,其性味甘苦,寒平无毒,具有清热解毒、健胃利尿散结的功效。现代医学研究表明,蒲公英具有广谱抑菌和明显的杀菌作用,对金黄色葡萄球菌、伤寒杆菌、痢疾杆菌有抑制和杀灭作用,还具有抗病毒、抗感染、抗肿瘤等作用,有"天然抗生素"的美称。蒲公英可治疗上呼吸道感染、急性乳腺炎、急性阑尾炎、急性淋巴腺炎、急性支气管炎、流行性腮腺炎、胃炎、肠炎、胆囊炎、肝炎、痢疾及各种疔疮疖肿等疾病。

蒲公英可长期食用,是开发绿色保健食品的理想资源,国家卫生部已将其列入药食两用品种。据临床报道,利用蒲公英注射剂治疗的各种感染疾病已达 40 种左右,蒲公英被中药界誉为清热解毒、抗感染作用草药的"八大金刚"之一。目前,药用剂型已有注射剂、片剂、糖浆剂等。

2.特征特性

(1)形态特征 蒲公英为多年生菊科草本植物,全株含白色乳汁,株高 10～25 厘米。蒲公英根垂直,圆锥形,伸长,单一或分枝,外皮黄棕色。叶全部根生,平展,基生成莲座状,叶柄短,与叶片不分,基部两侧扩大呈鞘状,叶片线状披针形似匙形,基部下延为窄翅状,叶为大头状分裂,顶裂片三角形,侧裂片斜三角形,裂片近全缘。表面深绿色,初时有疏软毛,背面淡绿色,无毛,中肋宽而明显,侧脉不明显。

花葶比叶短或等长,花后伸长,长达 20～60 厘米,直立、中空、上部密生棉毛,花萼出于叶簇基部;头状花序较大,单生,总苞钟形,总苞片卵状披针形。花黄色,两性,全部为舌状花,舌片先端有 5 齿,下部 1/3 连成管状。雄蕊 5 个,着生于花冠管上,花药黄色,合生成筒状着生于花柱外,花丝分离。雌蕊 1 枚,子房下位,花柱细长,柱头 2 深裂,有短毛。瘦果倒披针形,稍扁,长约 4 毫米,暗褐色,有条棱,中部以上具刺状突起,顶端扩大,冠毛白色,宿存,长约 7 毫米,细软。花期为 5～6 月份,果期为 6～7 月份。在北方地区 4～5 月份植株抽生花茎,花茎顶端着生一头状花序,黄色舌状花;花序在果实成熟时,开放似一白色绒球,具有冠毛的瘦果可随风飞散。

(2)生物学特性 蒲公英适应性广,抗寒又耐热;喜较冷凉的环境,在早春土壤化冻后,地温为 1～2℃时即可萌发,生长适温为 10～25℃,可耐－30℃低温;蒲公英种子容易发芽,发芽适温为 15～25℃,30℃以上的高温对萌发有抑制作用。

蒲公英抗逆性强,耐旱耐碱,抗湿能力也很强;可在各种类型的土壤条件下生长,但最适合疏松、肥沃的砂质壤土。蒲公英耐阴,在阳光充足、水肥充足的条件下生长旺盛。

蒲公英为短日照植物,高温短日照条件有利于抽薹开花。开花期在春末长日照来临之前,多于3~5月份开花结实,4~5月份种子成熟脱落。种子休眠1周后,条件适宜时即可萌发,当年长出5~7片叶,越冬后再萌发、抽薹、开花、结实。

在适宜的温湿度条件下,一般从播种到出苗需6~10天,出苗至团棵需20~25天,团棵至开花需60天左右。条件适宜的情况下可多次开花,开花至结果需5~6天,结果至种子成熟需10~15天。

3.蒲公英品种及繁殖

(1)野生品种 我国野生蒲公英分布广泛,野生资源十分丰富,根据分布区域、立地环境条件和形态特征分为碱地蒲公英、芥叶蒲公英、异苞蒲公英、红梗蒲公英、河北蒲公英、丽花蒲公英等品种。

(2)人工培育品种

①多倍体蒲公英。本品种是我国科研工作者从野生蒲公英群体中系统选育而成的多倍体新品种($2n=24$),特点是植株大、长势强、产量高。叶片长度一般为40厘米左右,呈簇状直立生长,无主茎。该种蒲公英可像韭菜一样用镰刀采割,一年收获5~6次,最大单株一次可采收叶片1千克以上,每亩年产量超过5000千克,是普通野生蒲公英产量的十几倍。

②法国厚叶蒲公英。本品种是由法国专家经多年筛选培育而成的新品种,株高40~70厘米,叶宽8~10厘米,全株被白色稀疏蛛丝状毛。我国已有部分地区引进栽培,本品种品质优良,适合人工栽培,具有叶多叶厚、产量较高的特点,每株有上百个叶片和花蕾。每亩年生产鲜叶3500~5000千克,采摘种子50~60千克。该品种的产量是野生蒲公英品种的8~10倍,具有其他野生品种无法比拟的生产性能。

(3)种子采集　选择叶片肥大、汁多色绿、根茎粗壮的蒲公英,当其花盘黄绿、种子已由乳白色变成褐色时,将花摘下,在室内存放,让其后熟一天,待花盘全部散开,再阴干 1～2 天。至种子半干时,用手搓掉种子尖端的绒毛,晒干备用。

以药用为目的的栽培多以野生于田间、沟旁、路边草地的蒲公英为最初种子来源。二年生植株能开花结籽,一般在 4～5 月份开花,常年陆续开花,每株开花数量达 10 朵以上,年限越长开花越多,开花后经 10～15 天种子即可成熟。

(4)蒲公英繁殖　蒲公英肉质直根和种子均可繁殖用于生产,用根繁殖时,只要截取成段的直根埋入土中即可。蒲公英主根不发达,直根优势不明显,对产量可能有一定的影响。

生产上一般应用种子进行直播繁殖或育苗移栽培。育苗移栽培时注意起苗时土壤要湿润,不要折断直根,并保持完整根系顺直栽下,不要卷曲于土中。

4.高产优质栽培技术

(1)种子准备　蒲公英为多年生宿根性植物,一次种植可多年收获。蒲公英栽培多采用种子繁殖,种子来源一是到可靠育种单位购买,二是自己采收。蒲公英种子无休眠期,成熟种子采收后,从春到秋均可播种。

(2)整地施肥　选择疏松肥沃、排水良好的砂质壤土种植,每亩施有机肥 3000～4000 千克,混合过磷酸钙 15 千克均匀地撒至地面上,深翻地 20～25 厘米,整平耙细。对于坡度大的地块,为利于浇水,可起小垄,垄距 50～60 厘米,高 15 厘米。在地势平坦的地块上做畦,畦宽 1～2 米。因地做畦或起垄,有利于播后灌水均匀。

(3)播种技术

①播种时间。当地表 5 厘米深处的地温稳定在 10℃以上时即可播种,一般以 3 月底至 4 月上旬为宜。根据需要也可秋季播种或冬

季在温室内播种。

②种子处理。为提早出苗和保证出苗整齐,可采用温水烫种药剂催芽处理,即将种子置于 50～55℃温水中,搅动至水凉后加入九二〇药液,浸种液九二〇浓度为 10～20 毫克/千克。浸泡 12 小时后再换清水浸泡 12 小时,浸泡后捞出种子包于湿布内,置于 25℃左右的地方,用湿布盖好保持湿润,每天翻动种子 1 次,3～4 天种子萌动后即可播种。种子也可不做处理,用常规方法将种子与面粉混合后待播,种子落地均匀有利于出苗。

③播种方式。露地直播多采用条播,在起好垄的两侧面上按行距 25～30 厘米开浅沟,播幅约 10 厘米,种子播下后覆浅土 0.5 厘米左右,然后稍加镇压。蒲公英种子千粒重为 1～2 克,每亩播种量 0.5～0.75 千克。平畦撒播每亩用种 1.5 千克左右,播种后保持土壤湿润,地面见干见湿,墒情不足的须小水细灌,防止大水冲涮种子,或泥沙覆盖过厚影响出苗。有条件的可盖草保湿,出苗时揭去盖草。经催芽处理的,在温湿度适宜时约 6 天可以出苗,未经催芽处理的播后浇水,约 10 天出苗。

(4)田间管理

①中耕除草。蒲公英苗期根系生长较快,地上部分生长缓慢,易受草害。出苗 10 天左右可进行第一次中耕除草,以后每 10 天左右中耕除草 1 次,直到封垄为止,做到田间无杂草。封垄后可人工拔草。

②间苗定苗。结合中耕除草进行间苗定苗,出苗 15 天左右进行间苗,株距 3～5 厘米。经 30～35 天即可进行定苗,株距 10～12 厘米,撒播的株距 5 厘米即可。

③追肥浇水。出苗前保持土壤湿润以利出全苗,出苗后适当控制水分,利于幼苗健壮生长。在茎叶迅速生长期经常浇水,保持土壤湿润,促进茎叶旺盛生长。生长期间追 1～2 次肥,保证出苗后生长所需养分。每次间苗和收割 1 次后,结合浇水施 1 次速效氮肥。入

冬前浇透水,在畦面上每亩撒施有机肥 2500 千克、过磷酸钙 20 千克,既能起到施肥作用,又可保护根系安全越冬。翌春返青后可结合浇水,每亩施尿素 7.5 千克、过磷酸钙 10 千克,促进新芽早发。

④病虫害防治。蒲公英露地种植一般不发生叶部病害,虫害主要有蚜虫,可用溴氰菊酯喷雾防治。

(5)采收 播种当年一般不采收嫩叶和植株,以促进其繁茂生长,进行养根培养,使下一年早春植株新芽粗壮,抽生品质好、产量高的嫩叶。自第二年起,每隔 15～20 天割 1 次产品,一般每年可以割 4 茬,即春季 2 茬,秋季 2 茬。如作为药材出售,可在晚秋采挖带根的全草,抖净泥土晒干即可。

采收最佳时期是在植株充分长足、快现花蕾、叶片长 10～15 厘米时,可一次性整株割取,捆扎上市。采收时在地表下 1 厘米多处下刀,保留地下根部以利长新芽。也可在幼苗期分批采摘外层大叶供食,或割大株,留小株继续生长。1 年可采收多次,一般每亩年产 3000～3500 千克。

特别注意:采收时一般在晴天早晨带露水时收获,刚采收后 3～5 天内不要浇水施肥,以防伤口感染而烂根。

(6)多年生植株的田间管理 蒲公英植株生育年限越长,根系越发达,地上植株生长也越繁茂,收获的产品产量越高、品质越好。因此,生产上应进行多年生栽培。多年生栽培的地块,要注意多次拔除杂草,并在生长季节加强水肥管理,适时采收。

(7)早熟栽培 蒲公英耐寒性强,土壤化冻后就可萌发,因此进行早熟栽培时,只要在露地栽植的基础上扣膜即可,非常容易做到提早上市。

早春表土 5 厘米深处地温达 1～2℃、气温在 5℃时,上一年种植的蒲公英就开始萌发长出新芽。一般清明节前新芽露出地面,此时在土里的"白芽"部分长度已有 3～4 厘米,所以野生蒲公英一般在 4 月 20 日前后即可上市。

人工进行早熟栽培时,通常在 7 月末至 8 月初种上蒲公英,翌年 2 月末至 3 月初(早春)可采用小拱棚覆盖,3 月下旬就可以收获上市。早熟品种的上市期比野生的明显提早,这时市场上很少有新鲜叶菜类蔬菜,易受消费者欢迎。这样不但满足了蔬菜市场的需求,还提高了经济效益。

(8)药用蒲公英与菜用蒲公英栽培方法区别 蒲公英全草可入药。药用栽培一般以一年生为好,即当年 3～4 月份用种子播种,10～11 月份地上茎叶经霜枯萎后,直接挖取地下直根,并晾晒干燥贮藏即可(不要曝晒)。栽培过程中不宜收割地上茎叶食用,以免影响根的生长。

作为菜用的蒲公英一般以多年生为好,每年至少可以采收 4 次地上茎叶用于食用。

(9)蒲公英体芽菜及软化栽培技术简介 蒲公英肉质根贮存大量营养。在见光或不见光的条件下,直接萌发生长出可供食用的嫩苗叫体芽菜,口感鲜嫩,营养丰富。蒲公英软化栽培是利用营养贮藏器官肉质直根,在黑暗或弱光条件下生长并形成柔软、黄化嫩苗的一种特殊栽培技术,使其苦味降低、纤维减少、品质脆嫩、商品性好,达到新鲜、富含营养、无污染的质量要求。蒲公英嫩苗可生食、炒食、焯后凉拌,是一种极好的保健性蔬菜。其栽培关键技术是前期进行肉质根培养,后期在特定条件下进行培育。

5.食用方法

蒲公英可生吃、炒食、做汤、炝拌,风味独特。为了减少蒲公英的苦味,食用时可将其洗净后在开水或盐水中煮 5～8 分钟,然后在凉水中泡一下,将苦味浸出,冲洗干净再食用。

生吃:将蒲公英鲜嫩茎叶洗净、沥干,蘸酱,略有苦味,味鲜美清香且爽口。凉拌:将洗净的蒲公英用沸水焯 1 分钟,沥出,用冷水冲一下,佐以辣椒油、味精、盐、香油、醋、蒜泥等,也可根据自己口味拌成风味各异的小菜。做馅：将蒲公英嫩茎叶洗净，用沸水焯后，稍攥后剁碎，加佐料调成馅（也可加肉），用于包饺子或包子。腌渍：蒲公英经过腌渍后别有风味，用糖醋浸渍后十分可口，而又不失其原有风味，还可保留大量的维生素。

注意事项：蒲公英虽是一种药食两用草本植物，但阳虚外寒、脾胃虚弱者应忌用。其副作用主要表现为：一是偶见有胃肠道反应，如恶心、呕吐、腹部不适及轻度泄泻；二是药不对证，主要是寒热不分，将蒲公英清热解毒的作用简单地看成抗菌消炎，不加辨证而滥用蒲公英治疗各种感染，会产生不良反应；三是过敏反应，个别人食用蒲公英会出现一些麻疹或全身瘙痒等过敏症状。

二、桔 梗

桔梗，学名 *Platycodon gradiflorus*，别名铃铛花、包袱花、和尚头花、道拉基等，为桔梗科桔梗属多年生草本植物。桔梗多生长在山地、草坡、林边，在我国大部分地区均有分布，尤其以安徽、河南、湖北、河北、山东等地产量较大。

图 3-2 桔梗

桔梗是一种集药用、食用和观赏于一体的经济型作物，肉质根可食用，需求量很大，常用其腌咸菜、炒食、凉拌，别有风味，深受人们喜爱。目前，桔梗已大量出口至韩国、日本等国家，是出口创汇的主要药材之一。

1.营养保健作用

桔梗中含桔梗皂甙、桔梗酸及远志酸等，并含有 16 种以上的氨基酸，包括 8 种人体必需的氨基酸。每 100 克鲜桔梗中含蛋白质 3.5 克、脂肪 1.2 克、碳水化合物 18.2 克、钙 260 毫克、磷 40 毫克、铁 13 毫克、胡萝卜素 2.2 毫克、维生素 C 10 毫克、硫胺素 0.45 毫克、核黄素 0.44 毫克、膳食纤维 3.2 克。

桔梗味苦辛,性微温。药理实验证实,桔梗有抗炎、宣肺、利咽、镇咳、祛痰、抗溃疡、降血压、扩张血管、解热镇痛、镇静、降血糖、抗胆碱、促进胆酸分泌、抗过敏等功效,主治咳嗽痰多、胸闷不畅、咽痛、声哑、肺痈吐脓、疮疡脓等症。去皮干燥的桔梗根,在我国广泛用作中医药配方,它是祛痰灵、健民咽喉片、小儿化痰止咳的冲剂、神奇枇杷露等中成药的主要原料。

2.特征特性

(1)形态特征 桔梗株高 40～80 厘米,全株具有白色乳汁。根肥大肉质,长圆锥形。茎直立,上部稍有分枝。叶互生,近无柄;茎中下部常对生或 3～4 片轮生,叶片卵状或披针形,边缘具细锯齿。花单生,枝顶呈疏生的总状花序,钟状花,花冠蓝紫色、白色或黄色,裂片 5 片。蒴果倒卵形,成熟时顶部开裂。种子卵形,黑色或棕色。花期为 7～8 月份,果期为 9～10 月份。

(2)生长习性 桔梗喜温暖、喜光、耐寒、怕水涝、忌大风。适宜的生长温度为 10～30℃,最适温度为 20℃,能忍受−20℃低温。植株在土层深厚、疏松肥沃、排水良好的砂质壤土中生长良好。土壤水分过多或积水易引起根部腐烂。桔梗怕风寒,在多风地区种植要注意防风寒,避免倒伏。

(3)生长发育特性 桔梗的生长发育情况为:4 月中下旬出苗,随着气温升高而抽茎展叶,5～6 月份为营养生长盛期,7 月下旬至 9 月上旬为花期,9 月份为果期,10 月份地上茎叶枯萎,但地下部分能顺利越冬。

桔梗主要用种子繁殖,春播、秋播或冬播均可。桔梗为直根系,种子萌发后,胚根当年主要为伸长生长,一年生苗的根茎只有 1 个顶芽,二年生苗可萌发 2～4 个侧芽。主根第一年伸长最快,为 15～30 厘米,第二年伸长缓慢,但明显增粗。二年生桔梗的药效作用最强,一年生的次之,三年生的最小。

3.种类与品种

(1)按产地分类 桔梗商品多按产地分为南桔梗和北桔梗 2 种，东北、华北一带所产为北桔梗，安徽、江苏、浙江等地所产为南桔梗。

(2)按性状分类 桔梗的变种很多，有白花变种、早花种、秋花种、大花种，颜色有紫色、白色等，其中又分为高秆、矮生、半重瓣、斑纹等品种。一般用于蔬菜栽培的为紫花或白花品种，以紫花品种为好。

4.栽培技术

(1)选地整地 选择阳光充足、土层深厚、疏松肥沃、排水良好的砂质壤土地块。每亩施堆肥或厩肥 2500 千克、过磷酸钙 20 千克，均匀撒于表土后，深耕 30～40 厘米，耙细整平，做畦或打垄，畦宽 130～150 厘米，高 15～20 厘米，或小垄宽 20～30 厘米，大垄宽 50～60 厘米。

(2)直播栽培

①种子处理。桔梗种子发芽力为 1 年，播前用温水浸种 24 小时，或用 0.3％高锰酸钾液浸种 12 小时，可提高发芽率。

②播种期和播种量。秋播或春播均可，除土壤冻结期外，从 10 月份到第二年 4 月份可随时播种。直播时每亩用种量约 1 千克，育苗移栽时每亩用种量约 0.5 千克。

③直播方法。在整好的畦面上按行距 20～25 厘米开横沟，深 1～1.5厘米，将已处理好的种子均匀地撒到沟内，覆土厚 1 厘米，轻轻镇压。经 10～20 天出苗。

④间苗。当苗高 2～3 厘米时结合除草进行间苗。株距保持在 8～10 厘米之间。

(3)育苗移植栽培 育苗移栽的方法:通过选择壮苗、合理调整栽植密度能提高单位面积产量，但桔梗的根比直播栽培的须根多、杈多,会影响桔梗品质。

①育苗。选择粒大、饱满、无病虫害、不霉烂的种子育苗。在整好的畦面上按行距 10 厘米开横沟,深 1～1.5 厘米。将处理好的种子均匀地撒在沟内,覆土 0.5～0.7 厘米,稍加压实,上面覆盖稻草或树叶。然后浇水,保持土壤湿润,一般经过 15 天左右即可出苗。出苗后及时撤掉覆盖物。苗出土后,要及时间苗,使苗间距保持为3～4厘米。当年 8～9 月份出现花蕾时要及时掐除。第二年春季将幼苗移栽到大田。

②移栽。将苗分成大、中、小 3 个等级,分别移栽,弱苗和病苗要淘汰。要做到随起随栽随浇水。在整好的畦面上开横沟,行距 20～25 厘米,深 10～15 厘米,把苗按 7～10 厘米株距斜放在沟内,覆土。覆土深度以超过芦头 3～5 厘米为宜。

(4)田间管理

①中耕除草。主要在前期进行中耕除草,幼苗细小,要勤除杂草。苗高 7～10 厘米时,进行第一次除草,以后每月 1 次,共进行 3次。植株封行后不再进行除草。

②除花打顶。桔梗的生育期较长,不留种的生产田应把花蕾全部摘除,以增加根的产量。留种的植株当苗高 10 厘米时进行打顶,促进侧芽萌发,以增加果实和种子饱满度,提高种子产量。盛花期也可喷洒乙烯利除花蕾。

③追肥。苗高 6～7 厘米时,每亩施尿素 10 千克于沟中,再施稀薄人畜粪水 1200 千克,然后覆土。第二次在中耕除草后,每亩施人畜粪水 1500 千克、过磷酸钙 20 千克。

④排灌水。桔梗的抗旱力强,但苗期遇干旱时应浇水。雨季要注意排水,不要使田间积水。

(5)病虫害及防治方法 桔梗的主要病虫害有轮纹病、斑枯病、枯萎病、紫纹羽病及拟地甲虫害等。防治方法如下。

①轮纹病和斑枯病。这 2 种病主要为害叶片。防治方法:发病

初期用 1:1:100 波尔多液或 50％多菌灵 500 倍液喷雾,7～10 天喷 1 次,连续喷 2～3 次。

②枯萎病。该病为害根部,严重时可使全株枯萎死亡,造成大批枯死。防治方法:一是选旱地、高地栽植,实行轮作;二是在发病初期用 50％甲基托布津 800～1000 倍液喷雾,10 天喷 1 次,连续喷 2～3 次。

③紫纹羽病。该病为害根部,被害根部表皮变红,后逐渐变红褐色至紫褐色。根皮上密布网状红褐色菌丝,后期形成绿豆大小的紫褐色菌核,最后根部只剩下空壳,地上部茎叶枯死。根部一般于 7 月下旬开始发病,8～9 月份日趋严重,10 月底全部腐烂致死。防治方法:发病初期用 50％甲基托布津 800～1000 倍液喷雾,10 天喷 1 次,连续喷 2～3 次。

④拟地甲虫。该虫为害根部。防治方法:在 3～4 月份成虫交尾期与 5～6 月份幼虫期,用 90％敌百虫 800 倍液喷杀。

5.采收加工

(1)采收　直播的桔梗种植 2～3 年可以采收,移栽苗种植当年可以采收,一般在秋季植株枯萎后和春季萌动前采收。采收过早,根部营养物积累尚不充分,折干率低;过迟收获不易刮皮。采收时把根挖起,抖去泥土,除去茎叶。

(2)加工方法　采收的桔梗根趁鲜时用瓷片刮去栓皮,洗净,晒干或炕干即可。刮皮后应及时晒干,否则易发霉变质,生黄色的锈斑。一般每亩产干货 150 千克,高产可达 200～250 千克。

药用桔梗以根体坚实为好。头部直径 0.5 厘米以上,长度不低于 7 厘米,原皮表面白色或黄白色,无须根、无杂质、无虫蛀霉变者为合格。以根条肥大、色白、体实、味苦者为佳品。

(3)质量要求　一是肉质根的形状,即检查粗细、长短和有无分枝,桔梗以根粗、较长和无分枝为佳品。二是根不能木质化,以二年生采收为好,三年生的根一般木质化。

6.留种技术

桔梗花期较长,果实成熟期很不一致,留种时,应选择二年生的植株,在植株苗高 15 厘米时进行打顶,以增加果实的种子数和种子饱满度,提高种子产量和质量。在 9 月中上旬剪去弱小的侧枝和顶端较嫩的花序,使营养集中在中上部果实。10 月份当蒴果变黄、果顶初裂时,分期分批采收。因桔梗成熟的种子易裂,造成种子散落,故应及时采收。采收时应连果梗、枝梗一起割下,先置室内通风处后熟3～4天,然后晒干、脱粒,除去瘪籽和杂质后贮藏备用。

7.食用方法

一般桔梗的可食部为肉质根。将根剥皮,用水泡去苦味,切成细丝或小块,直接炒食或加调料拌食。生食味道颇佳,也可加工成朝鲜咸菜。桔梗拌以调料制成的"五香桔梗丝",香脆可口,深受人们的喜爱。此外,桔梗还可供酿酒用,也可用来制粉。桔梗嫩茎叶用于炒食、做汤均可。

注意事项:凡气机上逆、呕吐、呛咳、眩晕、阴虚火旺、咳血者不宜食用;胃及十二指肠溃疡者慎用;食用量过大易致恶心呕吐。

三、马齿苋

马齿苋,学名 *Portulaca oleracea* L.,为马齿苋科一年生肉质草本植物,别名长命菜、长寿菜、五行草、马蜂菜、马马菜。马齿苋在我国各地均有分布,为药食两用植物。

马齿苋自古以来就是我国人民喜欢采食的一种野菜,生于菜园、农田、路旁,为田间常见杂草。近年来荷兰已育成蔬菜专用的马齿苋优良品种。马齿苋作为一种蔬菜,具有很广的市场前景,目前,在蔬菜市场或饭店开始走俏。

1.营养保健作用

马齿苋的营养价值很高,每 100 克鲜茎叶中含蛋白质 2.3 克、脂肪 0.5 克、碳水化合物 3 克、粗纤维 0.7 克、胡萝卜素 223 毫克、维生素 B_1 0.03 毫克、维生素 B_2 0.11 毫克、维生素 C 23 毫克、钙 85 毫克、磷 56 毫克、铁 1.5 毫克及钾、锰、镁、锌等。马齿苋的味道有点酸,这是由于它含有较多的维生素 C、苹果酸、柠檬酸等物质。

图 3-3　马齿苋

马齿苋性寒、味酸,具清热治痢、解毒凉血止血、止痒利湿等功效,可治菌痢、肠炎、湿疹、皮炎、中暑、吐泻等症。现代科学研究发现,马齿苋含有高浓度的去甲肾上腺素,每 100 克鲜品含 2.5 毫克。去甲肾上腺素能促进胰岛素的分泌,调节人体内糖代谢过程,因此马齿苋具有降低血糖浓度、保持血糖稳定的作用。马齿苋中还含有 ω-3 脂肪酸,它能抑制胆固醇和甘油三脂肪酸酯的生成,对心血管有保护作用。

2.特征特性

(1)形态特征　马齿苋的茎通常为匍匐状,先端斜向上生长,肉质,全株光滑无毛,分枝力强,植株高 10～15 厘米,开展度可达 40 厘米以上。茎圆柱形,长 30 厘米以上,基部分枝,淡绿色,阳面带紫红色。叶互生,倒卵形,叶柄极短,叶片肥厚,肉质,全缘,长 1～3 厘米,宽 0.5～1.4 厘米,表面深绿色,背面淡绿色。托叶小,干膜质。花期为 6～9 月份,果期为 7～10 月份,种子成熟期不一致。夏日顶端和叶腋簇生 3～5 朵黄色小花,无梗花瓣 5 个,雄蕊 8～12 枚,雌蕊 1 枚,子房半下位,结蒴果,短圆形,果实盖裂。种子小,数量多,黑褐色,千粒重 0.36 克。

(2)生长习性 马齿苋原产于南非干旱地区,生命力极强。喜温暖干燥、阳光充足的环境,耐半阴,在散射光条件下生长良好,不耐寒,冬季温度低于10℃不利于生长。20℃时即可发芽,发芽需3天。生长适温为25～30℃,并随着气温升高,生长发育加快。马齿苋对温度的变化不敏感,40℃时能够生长。马齿苋的抗旱能力强,失水3～4天后,遇水即能复活;对土壤条件要求不严格,以疏松肥沃、排水良好的砂质壤土为好。

3.类型及品种

马齿苋按用途可分为菜用马齿苋与观赏性马齿苋;按植株形态可分为直立型、半直立型和匍匐型;按花瓣大小又可分为小花瓣类型和大花瓣类型等。目前野生马齿苋多为匍匐型或半直立型、小黄花瓣类型。从荷兰引进的荷兰马齿苋为直立、小黄花类型。

近年来,荷兰已育成蔬菜专用的马齿苋优良品种,并被台湾农友种苗公司引进,是一种栽培非常普遍的茎叶菜。该品种夏季生长速度快,产量高,风味独特,营养丰富。荷兰马齿苋的植株直立,叶片较大,长5.3厘米,宽2.4厘米,茎粗,茎基部达0.7厘米,株高30～35厘米,茎色淡红,花黄色,小花,酸味稍高,生长迅速,产量高。

野生马齿苋全株光滑无毛,茎圆柱形,下部平卧,上部斜生或直立,多分枝,常呈紫色。叶互生或对生,叶柄极短,叶肥厚,楔状长圆形或倒卵形,长1.0～2.5厘米,宽0.5～1.5厘米。

4.栽培方式及栽培季节

露地栽培的,5～8月份可以分期播种,陆续收获至10月份。冬季温室栽培的,8月份至翌年3月份可陆续播种,10月份至翌年5月份分批收获。马齿苋也可进行夏季生产,应根据不同的地区、不同的设施条件等进行安排。因马齿苋为高温类蔬菜,冬季生产时一定要特别注意防寒。

5.繁殖方式

马齿苋的繁殖方式包括种子繁殖和无性繁殖。马齿苋的再生能力很强,可在春、夏生长季节采集幼苗或茎段栽植于土中,进行无性繁殖,但不常用。生产上基本采用种子繁殖,因为种子繁殖便于大面积生产。

茎段或分枝繁殖法:选择肥沃的田块,施足底肥,耕耙后做成1～1.2米宽的畦,再把未开花结籽的野生植株分剪成5厘米左右长的茎段或分枝,以8～10厘米的株距扦插,茎段或分枝的1/2以上入土,然后浇水,待发根后追肥。

6.栽培技术

马齿苋在欧洲已有栽培品种,可以引进试种。各地都有野生类型,都可以用来进行驯化栽培。

(1)整地做畦与播种　采用种子繁殖方式时可以直播,也可以育苗移栽。选择疏松肥沃的砂壤土,播前深翻15厘米,每亩施入充分腐熟的农家肥1000～2000千克。由于马齿苋种子细小,要求精细整地,做成宽100厘米的高畦,沟宽20厘米,畦面要平整、松软、土粒细小。畦面开宽21～24厘米、深2～3厘米的两条浅沟,将种子拌细土或沙子条播于种植沟内,也可不开沟撒播于畦面上。播后轻耙表土,如土壤干燥,可略喷湿畦面。

马齿苋在春季断霜后就可以露地播种,如要提前上市可用保护地育苗移栽。在保护地育苗时,播后要加盖地膜和盖棚,出苗后立即去掉地膜。

(2)田间管理　马齿苋在苗期生长很慢,要注意清除杂草,幼苗长到3～4厘米高时就要开始间苗,间苗分次进行,逐步加大株距。育苗田苗高5厘米以上就可以移栽,移栽田的整地及定植株距可以参照茎段或分枝繁殖法。

马齿苋为浅根系植物,生长期间应经常追施氮肥,可以促进茎叶肥嫩粗大,增加产量,延缓生殖生长,改善品质;久旱时适当浇水;生长期间要注意除草。

(3)病虫害防治 马齿苋极少发生病虫害。为害马齿苋的主要病害有病毒病、白粉病及叶斑病。病毒病用1∶1∶50的糖醋液进行叶面喷施,防效达80%以上;常用800～1000倍的甲基托布津、2000倍的粉锈宁防治白粉病;叶斑病的防治主要用百菌清、多菌灵、速克灵等农药。

(4)采收 马齿苋的采收标准是开花前采收,开花结籽后品质明显下降。采收时可间拔,收大留小,也可以掐取中上部嫩茎叶,留茎部抽生新芽继续生长。具体方法是:播后20天,当苗高15厘米左右时,开始间拔幼苗,使株距保持10厘米左右,让苗继续生长。播后35天左右,当苗高25厘米以上时,可大量采收上市。采收时,可以整株拔起,也可在植株茎基部留2～3节收割,让腋芽继续生长,陆续采收上市,一般幼苗单株产量35～40克。

野生马齿苋一般在春夏季(4～9月份)可采摘其嫩茎叶,采集标准以开花前为限,一旦开花,生长就停止,茎老化,无法食用。

(5)留种 马齿苋的蒴果成熟期不一致,一般在7～10月份采集野生马齿苋的成熟种子。马齿苋种子一旦成熟就自然盖裂或稍有震动就撒出种子,种子很细小,所以采种比较困难。采集时可以在行间或株间先铺上废报纸或薄膜,然后摇动植株,让种子落到报纸或薄膜上,或掐下马齿苋茎叶,轻轻抖动,然后将细小的种子汇集起来并收集。种子用纸袋包装,在室温下放置于干燥阴凉处可保存1年,用于次年播种。

在连茬田块,6月份马齿苋开花结实时,可留部分植株不采收上市,让其开花结籽,散落的种子来年就能出苗生长,不用采种播种。

7.食用方法

马齿苋以嫩茎叶供食用。人工栽培的马齿苋水分含量较高,不耐贮运,久放后叶片会脱落、软化,须趁新鲜尽早食用。

鲜菜食用的方法是用开水把马齿苋烫软,再沥干水,然后煮汤、炒食或凉拌。菜谱中可见细粉马齿苋、凉拌马齿苋、蒜泥马齿苋、马齿苋蛋白羹等。马齿苋还可以腌制成很好的调味品。民间把马齿苋蒸熟晒干后做馅或炖食,味道颇佳。

注意事项:凡脾胃虚寒、肠滑作泄者勿用;腹部受寒引起腹泻者勿食;孕妇勿食,马齿苋是滑利的,有滑胎的作用。

四、薄　荷

薄荷,学名 *Mentha arvensis* L.,别名蕃荷菜、苏薄荷等,为唇形科薄荷属多年生宿根性草本植物。薄荷可作菜用、药用,也可用于香料、食品、化妆品等工业,用途广,用量大。薄荷原产于北温带,俄罗斯、日本、英国、美国等地分布较多,朝鲜、法国、德国、巴西也有栽培。

图 3-4　薄荷

我国各地都有栽培,以江苏、浙江、安徽等省为多。

薄荷是一种很好的药食同源保健蔬菜,其营养价值极为丰富。以前薄荷主要是作为药材或食品添加剂等而栽培,作为菜用栽培的薄荷是近几年逐渐发展起来的。薄荷清凉爽口,越来越受到人们的青睐,是一种开发前景很好的绿叶蔬菜。

1.营养保健作用

薄荷不仅是十大天然营养调味品之一,而且营养丰富,含有多种化学活性物质。新鲜叶含挥发油 0.8%～1%,干茎叶含挥发油1.3%～2%。挥发油中主成分为薄荷醇(俗称"薄荷脑"),含量为

77%~78%，其次为薄荷酮，含量为8%~12%，还含乙酸薄荷酯、莰烯、柠檬烯、异薄荷酮、蒎烯、薄荷烯酮、树脂及少量鞣质、迷迭香酸等。此外，薄荷叶尚含苏氨酸、丙氨酸、谷氨酸、天冬酰胺等多种游离氨基酸。

薄荷能清热解毒、疏风散热，治头痛风热、咽喉疼痛、鼻塞等症；能使血管扩张，具有散热之用；能消除胃痛胃寒，促进胃酸分泌，以防消化不良；薄荷能扩张气管，以舒缓气喘、咳嗽等不适。此外，薄荷亦有杀菌作用，用于对抗大肠杆菌及金黄色葡萄球菌最为有效。薄荷有利尿功能，多饮有减肥作用。

薄荷还有美容作用。薄荷茶可用来洗头，能消除头皮屑，令头发清爽，洗发后留有天然的清香，令人精神一振；外敷薄荷汁可使皮肤更润滑。

2.特征特性

(1)形态特征 薄荷株高30~80厘米，有时可达1米，全株有清凉香气。根状茎为匍匐状。茎直立或基部外倾，方形，有倒向微柔毛和腺点。叶对生，披针形，有时为卵形或长圆形，长3~7厘米，宽2~3厘米，边缘有锯齿，两面有疏柔毛及黄色腺点。轮伞花序腋生；萼钟形，外被白色柔毛及腺点，10脉，5齿；花冠淡红紫色，二唇形，上唇2浅裂，下唇3裂；雄蕊4枚；子房4裂；花柱着生于子房底。小坚果4个，卵球形，藏于宿萼内。

(2)对环境条件的要求

①温度。薄荷对温度的适应能力比较强，各品种之间略有差异。当早春地温为1~3℃时即可发芽。秋末初冬气温降到0℃以下时，地上植株即枯萎死亡；地下茎的耐寒能力较强，在水分适宜的情况下，气温在-10℃时也可以安全过冬。幼苗也有一定的耐寒能力。

薄荷生长的最适温度为25℃左右，在20~30℃的范围内，只要水分适宜，温度越高，生长越快。在收割季节，昼夜温差大有利于薄荷植株中薄荷脑的积累。

②光照。薄荷为长日照作物,喜阳光,日照长可促进开花,且有利于油脑的积累。在整个生长期间,光照越强,叶片脱落越少,精油含量也越高。尤其在生长后期,需要连续晴天、强烈光照,才有利于薄荷高产。薄荷生长后期遇雨水多、光照不足是造成减产的主要原因。

③水分。薄荷喜温暖湿润,不同的生育期对水分有不同的要求。第一次收获的薄荷的苗期和分枝期要求土壤保持一定的湿度。到生长后期,特别是现蕾开花期,在生产上对水分的要求较少,收割时越旱越好。第二次收获的薄荷的苗期由于气温高,蒸发量大,又要促使加速生长,需水量就大。因此,头刀薄荷收割后,伏旱、秋旱是影响第二次收获薄荷出苗和生长的主要因素。二刀薄荷封行后对水分的要求就逐渐减少,尤其在收割前要求无雨,才有利于高产。

薄荷在第 1~2 次收割前遇到大雨或连续阴雨、光照不足,易造成叶片大量脱落。同时,雨水多,空气湿度大,容易造成植株中下部发病,叶片霉烂,影响产量,还会引起种根霉烂,影响第二次薄荷出苗和秋播种根的质量。

④土壤。薄荷对土壤的要求不是十分严格。薄荷的适应性较强,除过砂、过黏、酸碱度过重的土壤以及低洼排水不良的土壤外,一般土壤均能种植。土壤 pH 以 6.0~7.5 为宜。在栽培中,以砂质壤土、冲积土为最好。

(3)生长发育周期 薄荷在人工栽培及利用的情况下,一生可分为苗期、分枝期、现蕾开花期 3 个生育时期。

①苗期。第一次苗期指从出苗到分枝出现。薄荷在 2 月下旬开始陆续出苗,3 月份为出苗高峰期。苗期由于气温较低,生长速度缓慢,只长根和叶片;第二次苗期指在头一次收割后,从开始出苗到分枝出现。第二次收获薄荷的苗期,由于气温较高,适宜薄荷的生长,在肥水条件好的情况下,其生长速度要比第一次苗期快。

②分枝期。自出现第一对分枝芽到开始现蕾的阶段为分枝期。第一次收获后,薄荷在此时期处于生长适温阶段,因此生长迅速,分枝大量出现,尤其是稀植及打顶之后的田块,分枝更为明显。第二次收获的薄荷由于密度较头一次高 5 倍左右,腋芽发育成分枝的条件差,故单株分枝要比第一刀植株显著减少。

③现蕾开花期。第一次收获的薄荷在 6 月下旬到 7 月中下旬,先在薄荷主茎顶端的叶腋里出现花蕾。随着茎端的继续生长,逐渐形成轮伞花序。第二次收获的薄荷约在 10 月中上旬进入现蕾开花期。在自然生长的条件下,江苏、上海地区的薄荷每年开花 1 次;在人工栽培、收获的条件下,一年收割 2 次,开花 2 次。花期因品种和地区而异。现蕾开花期也就说明植株进入生殖生长阶段,油脑也在这个时期大量积累。

各生育期随品种、肥水、气候条件等不同,在时间上也略有迟早。

3. 类型与品种

薄荷可分为短花梗与长花梗 2 种类型。前者花梗极短,为轮伞花序,我国大多栽种这一类型;后者花梗很长,常高出全株之上,为穗状花序,含油量较少,欧、美等国家栽种的大多是这一类型。

栽培品种很多,属于短花梗一类的主要有赤茎圆叶、青茎圆叶及青茎柳叶等;属于长花梗一类的主要有欧洲薄荷、美国薄荷及荷兰薄荷等。

鉴别品种的形态特征主要根据茎色、叶形、茸毛有无和多少及叶缘锯齿的深浅等。我国栽培的主要品种有 409 薄荷、68-7 薄荷、海香一号薄荷等。

4. 栽培技术

(1)选地整地 薄荷对土壤要求不严,除了过酸和过碱的土壤外都能栽培。以有排灌条件、土质肥沃、地势平坦的土地为好,光照不足、干旱易积水的土地不易栽种。种过薄荷的土地,要休闲3年左右才能再种,因为地下残留根会影响产量。

薄荷栽植一次,可连续采收2~3年,故应深翻土壤,施腐熟的堆肥、土杂肥、过磷酸钙、骨粉等作基肥,每亩施2500~3000千克,耙细,浅锄一遍,把肥料翻入土中,碎土,开沟做畦,以利排水。畦宽(连沟)1.5米,行株距50厘米×35厘米,每穴栽植1株。栽植后浇足定根水。

(2)繁殖方法 薄荷虽然可以用种子繁殖或育苗移栽,但由于它的再生能力强,新根和不定根萌生快,一般都采用无性繁殖。无性繁殖又可分为根茎繁殖、分株繁殖和插枝繁殖3种,其中以分株繁殖最为简便易行,大面积栽种多采用这一方法。

分株繁殖的时间主要取决于各地的气候条件。北热带及南亚热带地区一年四季都可进行;江浙一带,清明前后常有雨水,湿度较大,栽植后易于成活;西南地区春季天旱风大,以雨季开始后栽植为宜。

栽植前要准备好秧苗(分株)。薄荷的茎比较细软,长到一定高度后其基部即匍匐地面。茎与地面接触后,每一节向下发生不定根,向上抽生一新枝;接触地面的节数越多,新枝就越多。把这种匍匐茎在老根处切断,再一节一节地剪开,每一节便是一个分株。

(3)田间管理 除了进行中耕除草、保持田园整洁,以及注意疏通沟道、防止雨后积水、及时灌溉、保持田间湿度外,最为重要的工作是追肥。

薄荷一年要收割数次,除需施足基肥外,还需合理进行追肥,才能满足植株再度生长的需要。薄荷的追肥一般为4次,用肥时间为:齐苗后(4月份);生长盛期(5~6月份);头刀薄荷收割后(7月份)和二刀薄荷苗高15厘米左右时(8月下旬)。所施肥料以氮肥为主,同时辅以磷钾肥。追肥第1和4次稍轻,第2和3次宜重。轻施者每亩用浓粪1000千克,冲水浇,或者每亩用碳酸氢铵20千克;重施者每亩用浓粪1500千克、饼肥50千克,或者撒施碳酸氢铵25千克。

（4）病虫害防治

①锈病。锈病感病初期，在叶背有橙黄色粉状的夏孢子堆，后期产生黑褐色粉状的冬孢子堆。严重时，叶片枯死脱落。5月份多雨潮湿的季节有利此病发生。防治方法：拔除病株，降低地下水位，清洁田园，用50％萎锈灵可湿性粉剂1000倍液或65％代森锌可湿性粉剂500倍液防治。

②白星病。白星病又名斑枯病，常在5～10月份发生。发病初期，叶两面产生近圆形暗绿色病斑。随后不断扩大呈近圆形或不规则形的暗褐色病斑。后期病斑内部褪色成灰白色，呈白星状，上生黑色小点（病原菌分生孢子器）。严重时叶片枯死脱落。防治方法：发病初期喷50％多菌灵1000倍液，或1：1：200波尔多液，交替喷治。在收获前20天停止喷药。

③虫害。虫害主要是蚜虫和小地老虎。可用90％敌百虫800倍液喷洒进行防治小地老虎，用灭蚜威喷雾防治蚜虫。

（5）留种　薄荷易于退化，要注意选种。选留良种的方法有2种：原地留种和移植留种。

①原地留种。在4月下旬薄荷苗高15厘米或8月下旬二刀薄荷15厘米高时，选择生长健壮的良种薄荷，结合除草，分2次连根拔除野生种和其他混杂种，并拔除生长不良的弱苗，作为留种。

②移植留种。4月下旬，在大田选择健壮而不退化的植株，按行株距各15厘米移栽到另一块田里，加强管理，以作种用。

5.采收

当菜用薄荷主茎高达20厘米时，即可采摘嫩尖供食用。由于破坏了顶端优势，侧枝萌生很快。在温度较高的地区，一年四季都可采摘，而以4～8月份产量最高，品质最好。温暖季节15～20天采收1次，寒冷季节30～40天采收1次。另外，薄荷嫩茎叶越摘越茂盛，越有利于提高产量，只要有市场就要及时采摘。

用于提炼薄荷油的植株，一般一年中收割 2 次，第一次在 6 月底至 7 月初，第二次在 10 月中下旬开花盛期。收割要及时，过早过迟都会影响产油量。当薄荷叶片浓绿而老、茎秆尚硬时就收割。如遇雨天要延期收割，露水未干不要收割；割下后捆成小束，挂在通风处阴干，切勿曝晒，以免影响产油量。如割后遇连绵雨，为防止腐烂，最好提前提炼薄荷油。

6.食用方法

　　薄荷的主要食用部位为嫩茎和叶。用薄荷做菜时可以软炸、凉拌、做汤、调味、配菜等。做汤用时必须在汤出锅时放入薄荷，虽为热汤，但有清凉感觉，味道诱人，也可榨汁食用。薄荷既可作为调味剂，又可作香料，还可配酒、冲茶等。中老年人吃些薄荷粥，可以清心怡神，疏风散热，增进食欲，帮助消化。夏日，在家用薄荷做成"凉汤"，既可解渴，又能解暑。

　　注意事项：阴虚血燥、肝阳偏亢、表虚汗多者忌服。薄荷糖中薄荷油精的刺激性和挥发性很强，不适合空腹及饭后马上食用薄荷糖。薄荷脑油对哺乳动物具有较强的麻痹作用，若过量服用会导致呼吸麻痹而死亡。

五、枸　杞

　　枸杞，学名 Lycium chinense Mill.，是茄科枸杞属的多分枝灌木植物，别名枸杞子、甜菜子、红青椒、枸杞果、地骨子、血杞子等，属于药食多用植物。枸杞原产于我国，分布于温带、亚热带地区的朝鲜、日本和欧洲及东南亚各国。我国自古就有枸杞栽培，目前国内自南向北的野生植株到处可见。人工栽培较多的地方主要

图 3-5　枸杞

有宁夏和广西、广东地区。宁夏栽培的多作药用，或以果实供食用。两广栽培的多作菜用。人们将枸杞的嫩茎叶称为"补肾菜"。

枸杞一般有菜用和果用之分，果用枸杞主要是收获成熟的枸杞果食用，而菜用主要是收获嫩头和嫩叶食用，菜用枸杞一般不结果。把嫩枝条作为蔬菜食用是近年的事。据有关资料报道，广西、广东、海南和台湾栽培面积较大，目前在其他省份也开始广泛种植。有露地和保护地栽培等多种方式，特别是大棚栽培技术的成功应用，为枸杞南北种植、丰富菜篮子工程发挥了重要作用。

1. 营养保健作用

叶用枸杞以嫩茎尖和叶片作为蔬菜食用，多作一年生绿叶蔬菜栽培，是一种清香带苦味的蔬菜，口感甚佳。叶用枸杞营养十分丰富，据测试，每 100 克嫩茎叶中含还原糖 1.22～6 克、蛋白质 5.5～8 克、脂肪 1.0 克、纤维素 1.62 克、胡萝卜素 3.96 毫克、硫胺素 0.23 毫克、烟酸 1.1 毫克、维生素 C 17.5 毫克、钾 504 毫克、钠 2.2 毫克、钙 105 毫克、磷 104 毫克、铜 0.28 毫克、铁 4.89 毫克、锶 0.46 毫克、锰 0.9 毫克、硒 3.30 毫克。此外还含有丰富的东莨菪碱、β-谷甾醇、葡萄糖甙、芸香甙、芦丁、甜菜碱等。

枸杞是养精强壮、延年益寿的滋补佳品，性凉，味甘苦，入肝、肺、肾经。根、茎、叶、果均可药用，具有清肝肾、降肺火、明目益精的功效，主治肝肾不足、劳损、糖尿病、急性结膜炎、夜盲症、偏头痛、心烦口渴、痔疮肿痛等症。近年来还发现枸杞对延缓衰老、降低血糖、预防脂肪肝、抗动脉粥样硬化和防癌抗癌有一定疗效。

2. 特征特性

（1）形态特征 枸杞植株的水平根很发达，直根弱，一、二年生的扦插植株无主根，须根多而浅。成龄植株高 1.5～2 米，树干横径 6～10 厘米；树皮条状沟裂，色灰黑或灰白。枝形弧垂、直垂或平展，具有针刺。

叶为披针形、长披针形、阔披针形或卵形等,全缘,长 4～12 厘米,宽 0.8～2 厘米,具一短柄,簇生,当年生枝第一次生叶为单叶互生。

花为完全花,腋生,一般 2～8 朵簇生,也有单生。花冠紫红色,筒状,一般先端 5 裂,裂片舌形。花萼绿色,钟状,花冠筒长 0.8～1 厘米,花瓣裂深 0.5～0.6 厘米。浆果成熟时为鲜红色、橙红色或橙黄色,果实有长果型、短果型、圆果型,内含种子 20～50 粒,种子黄白色或黄褐色,扁肾形,每克 1000～1200 粒。

(2)生长环境　枸杞喜阴凉湿润的气候。生长发育适温为 15～20℃,10℃以下生长缓慢,25℃左右生长不良,迅速落叶。枸杞很耐寒,在西北地区−20℃以下仍不会发生冻害。

枸杞喜光,在遮阴环境下虽能生长,但产量低;喜肥,在肥水充足时,栽后第二年便开花结果,5 年以后进入盛果期,30 年以后结果才逐年减少,40 年后开始衰退进入衰老期。

枸杞的适应性强,能耐寒、耐旱、耐盐碱,在砂壤土、壤土、黄土、沙荒地、盐碱地均能生长。人工栽培以土层深厚、肥沃、排水良好的砂质壤土和中性或微碱性的土壤为好。凡水稻田、芦苇地旁、田埂边以及低洼积水的地块不宜种植。

3.主要品种

叶用枸杞的茎为青绿色,无刺或偶有小软刺。叶互生,宽大卵形,质地柔软,不易开花结果。作为一年生绿叶保健蔬菜栽培,生长速度较快,分枝能力较强,抗病能力强,耐旱、耐瘠薄。叶用枸杞栽培品种可分为细叶枸杞和大叶枸杞 2 种。

(1)细叶枸杞　细叶枸杞株高约 90 厘米,开展度 55 厘米,茎长约 85 厘米,粗 0.6 厘米,叶嫩时青色,收获时青褐色。叶互生,卵状披针形,长 5 厘米,宽 3 厘米,较细小,叶肉较厚,叶面绿色,味香浓,叶腋有硬刺。由定植至初收需 50～60 天,可持续采收 5 个月。

(2)大叶枸杞 大叶枸杞株高 75 厘米,开展度 55 厘米,茎长 70 厘米,粗 0.7 厘米,青色。叶互生,宽大卵形,长 8 厘米,宽 5 厘米,叶肉较薄,色绿,味较淡,产量高。无刺或有小软刺,定植至初收约需 60 天,可持续采收 5 个月左右。

4.栽培技术

(1)整地做畦 选择含腐殖质、肥沃、土壤疏松、前茬为豆科作物或原有菜地种植。定植前要深翻土地,每亩施有机肥 2000～3000 千克、三元复合肥 50 千克,做成南北向的平畦,畦面宽约 1.5 米,畦与畦之间留 10 厘米宽的工作道。

(2)扦插定植 扦插宜在 3 月份进行。在种株上选取粗壮枝条,每段截成 15～20 厘米长,具有 2～3 个种芽,作为种苗扦插。这些种苗最好选原来枝条的基部或中部,不宜采用枝条顶端的嫩弱部分。

定植时应斜插,插条腋芽向上,入土深 3/4,使多节发根。定植株行距为 15～20 厘米,插后浇水,并用稻草覆盖以保持土壤湿度。10～15 天开始发生不定根和新芽,20～25 天一般可发生 6～7 条新根、4～6 条新梢。

(3)田间管理 枸杞在生长期需肥多且耐肥,插条发生新根、新梢后就要立即薄施追肥,每隔 10～12 天施 1 次,用腐熟人粪尿兑水,初期浓度为 10%～20%,生长盛期浓度为 30%～40%,也可每亩施硫酸铵 5 千克。以后根据长势每隔 7～10 天追肥 1 次。采收期为使其促发嫩尖,每隔 30 天左右应施肥 1 次,以氮肥为主,适当配以磷、钾肥。扦插枸杞的根系浅,吸收能力弱,平时注意灌溉,保持土壤湿润,及时中耕除草、培土。平时还应注意修剪,使嫩尖密集在一个水平采摘面上,便于采摘。

(4)病虫防治 在枸杞生长期间应注意防治白粉病、流胶病和根腐病,可用 0.3%～0.5%波美度石硫合剂或 40%硫酸铜溶液防治,每周 1 次,连续施用 2～3 次。主要害虫有蚜虫、枸杞瘿螨、枸杞叶甲,可用 50％抗蚜威 2000 倍液或 90％敌百虫 800～1000 倍液防治。

(5)采收 扦插后 50～60 天开始收获,先采摘最旺的枝条,每 20～30 天采摘 1 次,可采摘 8～10 次,留下的嫩枝继续生长,以后分批采摘。采收嫩梢后,在枝条基部的腋芽又可萌生出新的嫩枝,以供继续采收。在采收过程中,应特别注意留足枝条基部的腋芽,一般留有 3～5 个,以利萌发出更多的新枝条。

(6)大棚栽培技术简介 一般 9 月份用沙扦插育苗,10 月份定植于大棚或温室,并扣棚进行管理,基本方法同上。产品上市时间一般在每年的 12 月中旬至次年 5 月中下旬,主要采摘的是 15～20 厘米长的嫩梢,每亩产量约 3000 千克。大棚栽培有利于供应春节和早春蔬菜市场。

5.食用方法

枸杞菜的嫩梢、叶可作蔬菜食用,可炒、炸、凉拌、煮、蒸、涮、做汤等,营养丰富,味美爽口,深受消费者青睐。枸杞炒猪心:枸杞嫩茎叶 200 克,猪心 100 克切片,先将猪心放油锅中,放入料酒煸炒,待猪心变色时放入枸杞,加入调料炒至枸杞菜发软时,用湿淀粉勾芡,起锅装盘即可。枸杞炒里脊片:鲜枸杞嫩茎叶 150 克,猪里脊片 200 克,配调料炒熟,用淀粉勾薄芡。凉拌枸杞头:选鲜嫩枸杞茎叶,用清水洗净,放入沸水中煮 5～10 分钟,以茎叶熟透为好,捞出放入冷水中降温,除去水分,根据个人的喜好拌入精盐、辣椒油、麻油等即可。

注意事项:由于枸杞温热身体的效果相当强,高血压病人、性情急躁者或平日大量摄取肉类导致面泛红光的人最好不要食用。感冒发烧、身体有炎症、腹泻等患者也不宜食用。

六、紫　苏

紫苏,学名 *Perilla frutescens*（L.）Britt,别名白苏、赤苏、红苏、香苏、青苏等,是唇形科紫苏属一年生草本植物。紫苏原产于中国、泰国等地,现在我国大部分地区均有野生或零星栽培。

图 3-6　紫苏

紫苏是一种多功能药食同源植物,其防癌活性物质含量名列各类蔬菜榜首。紫苏叶在我国港澳台地区以及东南亚、欧美各国十分畅销。用紫苏籽可制取具有很好功能的保健油及紫苏油胶囊等,也有用紫苏叶制取紫苏叶汁保健饮料的。日本早在 20 世纪 60 年代就将紫苏油加工成天然保健品并推向市场,使其价值提高数倍乃至几十倍。

1.营养保健作用

紫苏全株均有很高的营养价值,具有低糖、高纤维素、高胡萝卜素、高矿质元素等特点。在嫩叶中每 100 克含还原糖 0.68～1.26 克、蛋白质 3.84 克、纤维素 3.49～6.96 克、脂肪 1.3 克、胡萝卜素 7.94～9.09 毫克、维生素 B_1 0.02 毫克、维生素 B_2 0.35 毫克、烟酸 1.3 毫克、维生素 C 55～68 毫克、钾 522 毫克、钠 4.24 毫克、钙 217 毫克、镁 70.4 毫克、磷 65.6 毫克、铜 0.34 毫克、铁 20.7 毫克、锌 1.21毫克、锰 1.25 毫克、锶 1.50 毫克、硒 3.24～4.23 微克。

紫苏味辛,微温,无毒,具解毒散寒、理气化痰、安胎润肠等功效,可治感冒、咳喘胸闷、痰多稀白、呕吐、腹胀疼痛等症。紫苏叶对口腔炎、脑贫血、食欲不振、痢疾、精神不安、疲劳等均有疗效。经常食用紫苏能提高人体免疫力,改善人体机理功能,促进新陈代谢,可排毒养颜、美肤,提高记忆力。紫苏叶含有的紫苏醇、柠檬烯等单萜,可防治乳腺癌、肝癌、肺癌以及其他癌症。紫苏叶的提取物迷迭香酸,具有非常好的祛除自由基、抗炎效果,已获得美国 FDA 认可,为公众安全食品原料。

2.特征特性

(1)特征 紫苏的须根粗壮发达,可入土约 30 厘米。株高 60～150 厘米,全株有特殊的香味。茎直立,有分枝,嫩茎叶摘除后,可长出新的分枝,分枝随着生长不断增加。茎的横断面为四棱形,茎密生细柔毛,以茎节部较密,茎有紫色、绿紫色或绿色。叶对生,呈绿色、绿紫色、紫红色,或面青背紫,卵圆或广卵圆形,顶端锐尖,边缘呈粗锯齿状,长 7～15 厘米,宽 5～13 厘米,密生细毛。叶柄长 3～5 厘米。总状花序,顶生或腋生,花小唇形,白色、紫色或淡红色。果实为小坚果,灰褐色或灰白色,卵形,含种子 1 粒。种皮极薄,表面有网纹,千粒重 1.8～1.95 克。种子的寿命短。

(2)生长环境 紫苏的生长适应性强,喜温暖、湿润环境,较耐高温。在高温雨季生长旺盛,而在低温干旱时生长缓慢。种子在 5℃以上即可萌发,适宜的发芽温度为 18～23℃,苗期可耐 1～2℃低温,开花的适宜温度为 26～28℃。紫苏为短日照植物,阳光和肥水充足时生长旺盛、产量高、品质好。紫苏对土壤要求不严格,在排水良好、疏松肥沃的砂壤土上生长旺盛且产量高。

3.品种类型

(1)按叶片颜色分 叶绿色,花白色,习称"白苏";叶和花均呈紫色或紫红色,习称"紫苏"。紫苏多入药。

(2)按叶形状分 皱叶紫苏,又名回回苏、鸡冠紫苏、红紫苏。叶片大,卵圆形,多皱,紫色;叶柄紫色,茎秆外皮紫色;分枝较多。

尖叶紫苏,又名野紫苏、白紫苏。叶片长椭圆形,叶面平而多茸毛,绿色,叶柄茎秆绿色,分枝较少。

4.栽培技术

(1)整地做畦 为获得优质高产,宜选择富含有机质的肥沃壤土种植,每亩施入腐熟有机肥 2000 千克,做 1.5 米宽的高畦。

(2)播种育苗 紫苏一般用种子繁殖,可直播,也可育苗移栽。繁殖用种以当年种子为宜。在 3 月下旬至 4 月上旬播种,可撒播、条播、穴播或育苗移栽,育苗移栽有利于植株生长。

紫苏种子细小,整地一定要精细,以利于出苗。播种前翻耕土壤,做成宽 130～150 厘米的高畦。紫苏出苗慢,当地温达 19℃时,需 10 天才能出苗。出苗后 30～40 天定苗,株行距 30 厘米左右,每穴 1 株。间出的苗可移栽到其他土地上栽植。

育苗移栽的一般为撒播,幼苗长出第一片真叶时间苗,苗距约 3 厘米。当幼苗高 10 厘米、具有 4 对叶片时就可移栽。单株栽植的株行距同直播,每亩定植 5000～7000 株。移栽后及时浇水。多株栽植或密度过大易造成徒长,下部叶片易脱落,影响产量和品质。

(3)田间管理

①间苗、补苗。条播者,苗高 10 厘米左右时,按株距 30 厘米定苗;穴播者,每穴留 1～2 株。如有缺苗应予补苗。

②中耕除草。封行前必须经常中耕除草。定植初期要及时中耕除草,以利缓慢发根。紫苏幼苗期(7 对叶片前)生长缓慢,难与杂草竞争,需及时除草。浇水或雨后如土壤板结,也应及时松土。

③追肥。追施速效氮肥 2 次,每亩每次施 10 千克,追施过磷酸钙 1 次,每亩施 10 千克,可有效提高产量。

④排灌。幼苗和花期需要水较多,干旱时应及时浇水。6～8 月份高温多雨季节为紫苏的旺盛生长期,植株生长迅速,需要较多的养分和水分,应适当灌水,保持土壤湿润。雨季应注意排水。

⑤病害防治。斑枯病于 6 月份始发,为害叶片。防治方法:发病初期用 70%代森锌胶悬剂干粉喷粉,或用 1:1:200 倍波尔多液喷雾

防治。

(4)**摘心**　紫苏的分枝性很强,平均每株分枝数为 25～30 个,叶片数为 300～400 片。采收嫩茎叶作产品,摘除已进行花芽分化的顶端可减少养分消耗,维持茎叶旺盛生长。

(5)**采收**　采收长 20 厘米,具 4～5 片叶的嫩茎叶供食用。苗高 30 厘米时开始采收主枝嫩茎叶,以后再采收侧枝的嫩茎叶。紫苏的侧枝发生能力强,侧枝由抽生到可供采收约需 20 天。生长高峰期应天天采收。每亩可年产 4000 千克。经常采收能抑制紫苏开花,有利于提高茎叶产量。

(6)**留种**　留种田宜 5 月份播种,9～10 月份便可采种。留种株宜稀植,以株行距 50 厘米×80 厘米为宜。种株宜选健壮、产量高、叶片两面都是紫色的植株,待种子充分成熟呈灰棕色时收割脱粒,晒干、去杂,置阴凉处干燥保存。

5.食用方法

紫苏主要以嫩叶供食用,可做汤、做馅和生食,用作菜时加入叶及种子可增加香味,也可腌渍。紫苏含有挥发性的紫苏醛等芳香物质,民间常用其去腥、增鲜、提味。紫苏还是一种高效的植物"防腐剂"。用鲜紫苏叶包鱼、肉等易腐食物,将其置于室内通风处,常温下可保存 4～5 天。此外,干紫苏还可以用来加工酱菜,民间晒酱时使用紫苏去腥防腐。用泡菜坛泡菜时,放点紫苏叶,也可使泡菜别有风味。

注意事项:温病及气表虚弱者应忌食紫苏。

七、虎　杖

虎杖,学名 *Polygonum cuspidatum*,别名阴阳莲、活血龙、假川七、土川七、红三七等,为蓼科蓼属宿根多年生灌木状高大草本植物。虎杖生于湿润而深厚的土壤,常见于山坡、山麓及溪谷两岸的灌丛边、沟边草丛及田野路旁,常成片生长,自然分布在黄河以南各省区,主产于浙江、江苏、安徽、广西等地。虎杖主要以干燥的根和根状茎入药,其茎、叶含有相同的物质,亦可入药。

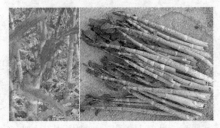

图 3-7　虎杖

虎杖不仅是一味天然中药材,也是一种营养、口感极佳的保健蔬菜,具有药食两用的功效。虎杖笋(春季萌发的嫩芽)和生长的嫩茎叶口感松脆爽口,滋味微酸,具有独特的怡人清香,是一种难得的天然野菜。虎杖具备了"鲜、绿、野"和"营养、药用、美味"的特点,是开发无公害、绿色、有机、高营养价值新产品的绝佳材料。

1. 营养保健作用

(1)营养成分　据测定,100 克鲜菜中含水分 95.6 克、蛋白质 2.41 克、脂肪 0.11 克、纤维素 0.86 克、碳水化合物 0.44 克、维生素 C 118 毫克、胡萝卜素 4.94 毫克。

虎杖含有大量生物活性物质。如虎杖的蒽醌类衍生物总含量可达 2.1%,以游离型为主(约 1.4%),结合型含量较低(约 0.6%);芪类化合物如白藜芦醇和虎杖苷(白藜芦醇苷)等;酚类成分如迷人醇、6-羟基芦荟大黄素等。黄酮类化合物如槲皮素、葡萄糖鼠李苷等。虎杖中还分离出一种含 38 个单糖的多糖,尚含游离氨基酸、软脂酸、硬脂酸、花生油酸和无机元素铜、铁、锌、锰、钾等,特别是白藜芦醇,其含量在植物中是最高的。

(2)保健作用　虎杖是一种用途较广的传统中药材,具祛风利湿、散淤定痛、止咳化痰等功效。虎杖的中药饮片和中药制剂多用于关节麻痹、湿热黄疸、经闭、咳嗽痰多、水火烫伤、跌打损伤、臃肿疮毒等症。

现代科学研究发现,虎杖中的白藜芦醇具有防癌、抗癌、抗炎、抗过敏、抗氧化、抗致病菌感染、抗凝血、降血脂以及抗紫外线辐射、提高免疫力、抗衰老等突出功效,被美国誉为"21世纪的抗癌新星"。现在发达国家已广泛使用白藜芦醇,导致虎杖原料供应不足,在适生区进行人工栽培,前景诱人。

2.特征特性

(1)特征

①根茎粗大,横卧地下,木质,黄褐色,断面黄色,节结明显。

②茎直立,高1～2米,丛生,无毛,中空,基部木质化,散生红色或紫红色斑点。

③叶互生,叶片宽卵形或椭圆形,长6～12厘米,宽5～9厘米,全缘,无毛,顶端急尖,基部圆形或近楔形;具短柄;托叶鞘膜质,褐色,早落。

④花单性,雌雄异株,成腋生密集的圆锥花序;花梗细长,中部有关节,上部有翅;花小,花被5枚,白色或淡绿白色,排成2轮,外轮3片在果期增大,背部生翅;雄花雄蕊8枚,具退化雌蕊;雌花具退化雄蕊,子房上位,花柱3枚,分离,柱头头状。

⑤瘦果椭圆形,有3棱,长3～4毫米,黑褐色,光亮,包于宿存的翅状花被内,翅为倒心状卵形,长6～10毫米,基部楔形,下延至果梗。

(2)特性
虎杖野生于山谷、溪旁、岸边、林下阴湿处,喜温暖和湿润的气候,适应性强,不怕涝,耐寒,在北方一些地区生长良好。虎杖对土壤要求不严,一般土壤均可种植,但以土层较深厚、肥沃、湿润的地块为好。虎杖特别耐肥,有机肥越多生长越好。农户少量种植时大多种植在粪堆旁。

(3)生长周期
虎杖一般在3月下旬、地温稳定在10℃以上就开始出苗,4～5月份进入旺盛生长期,6月初达到最大高度后便停止长高(当年生苗生长的高度不如第二年),11月份遇霜地上部分枯死,地下部分等到翌年又重新萌发生长。

如果以收获药用根为目的,一般在秋冬季节采挖。采用种子直播的3年收获为好,以分根式繁殖的2年收获最佳。菜用栽培只是在生长过程中收获嫩笋和嫩茎叶,不但不会影响根部生长,反而还能有效增加根的产量和品质。

3.栽培技术

(1)整地做畦 宜选择水资源丰富、土层深厚、质地疏松、肥沃的山垄田和耕地进行种植。栽前1个月翻耕晒土,然后每亩施有机肥2000千克、过磷酸钙200千克、尿素100千克作为基地,并配合深耕施入土壤中。栽植前做畦,畦宽为1~1.2米,长度根据实际情况而定。

(2)育苗技术

①播种育苗。因为虎杖种子在收获时晒干失水易失去活力,一般以沙藏保湿方式进行贮藏,或者于秋季采集成熟的种子,直接进行撒播或条播。

10月中上旬至次年4月份都适合播种,其中以春播为最佳;一般出苗后,秋播的在翌年4月中旬可封垄,春播的在5月中旬可封垄。

条播行距10~20厘米,开浅沟约1厘米,将种子播在沟内,按1~1.5克/米²的播种量进行繁殖,用种肥或细泥覆盖并浇透水;撒播时直接将种子播在畦面,种子分布均匀,播后覆盖一层细土,浇透水。低温季节播种时要盖膜保温保湿,以利提早出苗;高温季节播种时要遮阴、定时浇水降温。出苗后,有3~5片真叶时要开始间苗、补苗,使幼苗在整个畦面分布均匀,保持1.6万~2.4万株/亩的密度,补植后要及时浇水,确保成活。

②种根繁殖。种根繁殖也称根茎繁殖。将虎杖地下根茎剪成10~20厘米长、带有2~3个芽的种根,种根越粗越好。在畦面上按

株行距 40 厘米×50 厘米开好种植沟,再把种根放入沟内,种根的芽要朝上,须根要舒展,覆土 3～5 厘米,盖一层种肥,浇透水。此法适合于春季繁殖。

③分株繁殖。分株繁殖主要在生长季节进行,方法是将虎杖种苗的地上丛生主茎掰成单株种苗。每株种苗要求地下根茎长 10～15 厘米。地上茎在生长初期留 2～3 节,叶 2～3 片;在速生期留 3～5 节,2～3 轮侧枝,每轮侧枝上留 3～5 张叶片;在生长后期留 3～5 节,2～3 轮侧枝,每轮侧枝上留叶 3～5 片,剪去多余部分的枝叶。按株行距 40 厘米×50 厘米开沟种植,每穴 1 株,定植后施一层种肥,浇透水。此法繁殖在春、夏、秋三季均可进行,但以春、夏季节移植最佳。

(3)定植　一年四季均可栽植虎杖,但以春季最为适宜。田间初植密度以株行距 40 厘米×(40～50)厘米、每亩植 2000～2500 株为宜;栽植时前对种苗进行分级,栽植时要做到苗正、根舒、芽朝上,覆土3～5厘米。

(4)田间管理

①中耕除草与培土。在生长季节进行人工锄草,尽量不使用除草剂。一年中耕 1～2 次,深度 8～10 厘米,同时培土 8～10 厘米。如果杂草生长旺盛、人工又不便操作,可以使用精禾草克、盖能等除灭禾本科类杂草。

②间苗补苗。播种出苗后,幼苗有 5～8 片真叶时要开始间苗、补苗。幼苗过密的地方要进行疏苗,幼苗株距过大的地方要及时补植,使幼苗在整个畦面分布均匀。补植后要及时浇水,确保成活。

③科学施肥。科学施肥是确保虎杖高产的关键措施。因此,虎杖栽植后要视土壤肥力状况和植株长势及时施肥。在生长季节,结合人工锄草和培土追施速效肥料 1～3 次。肥料种类以无机矿质肥料为主,并配施生物菌肥和微量元素肥料,追肥用量以 2～5 克/米^{2}为宜。追肥时期分别为 4 月份、6 月份和 9 月上旬。以采收茎叶为主的田间栽培,在每次采收后追施 1 次速效肥料。施肥方法采用沟施

或兑水浇施。

④水分管理。在定植期、嫩芽萌发期、幼苗生长期、畦面土壤开始发白以及发生干旱或施肥后应及时灌溉,使土壤经常保持湿润状态。在多雨季节或栽培地积水时要及时排水,尤其是在高温高湿时,要加强通风,减少病虫害发生,提高虎杖的产量和质量。

⑤病虫害防治。虎杖的主要病害是斑枯病,此病对虎杖威胁最大,如控制不住,虎杖就不会高产。斑枯病主要发生在7～9月份,从6月份开始打药预防,可用代森锰锌和甲基托布津。每7～10天打1次,发病期间可3～5天打1次。虫害主要是蝼蛄和蛴螬。蝼蛄可用毒谷九号毒杀或敌百虫拌玉米面毒杀。

⑥高效产根措施。除留种地外,在虎杖抽出花序之前应剪去花梗,使叶面光合作用产物向根系输送,提高营养转换率和松土能力,使根茎快速膨大,药用含量大大提高。同时加强病虫害的综合防治。在秋末要做好越冬防寒保温工作,确保安全越冬。

(5)冬季管理 虎杖是多年生植物,冬季地上部分虽然枯死,但地下部分的生长点仍充满活力,因此实施好冬季管理是做好翌年各项生产管理最基本、最重要的技术手段,以期达到春发大笋菜用的目的。

①清园。地上部分枯死的枝条、落叶和杂草要及时清理,移出园外焚烧,或就地堆成若干小堆焚烧,这样可以降低园田病虫害为害。

②浅耕和除草。冬季虎杖地下芽头离地面很近,适当浅耕有利于清除杂草和保水、保温。为了防止春季杂草旺盛生长,克服由于萌芽而不便于管理的缺点,应在2月初进行一次化学封闭除草。利用乙草胺和百草枯混合液喷施,既能及时清除冬季早春萌发的杂草,又能保证在虎杖封垄前杂草不会出苗。

③保持土壤湿润。冬季如果严重干旱应及时灌水,以保持土壤湿润,如果雨雪过多,则要做好清沟排水工作。

④施肥。冬季施肥是保证全年生长的基础,应配合中耕进行。

当年 12 月份至翌年 1 月份可以大量施入草木灰、厩肥和腐熟动物粪便等有机肥,以基本覆盖畦面为好,并中耕与土壤混合。3 月上旬利用下雨的机会施入氮、磷、钾肥,每亩施复合肥 100 千克、钾肥 50 千克。

(6)**采挖后管理**　冬、春季采挖虎杖根部后,只要适当预留一些损坏的根系在地下即可,平整好畦面,然后采取上述管理措施进行管理,翌年又是一园虎杖。

4.菜用虎杖的采收

(1)**虎杖笋**　春季虎杖萌芽生长,从地下冒出的嫩茎芽类似竹笋,粗壮脆嫩,生长速度快,一般在气温低于 20℃时不会老化,这时作为菜用最好。采收时用快刀贴地面割下即可,以鲜品出售为好,采收期可达 1~2 个月。

(2)**嫩茎叶**　春、夏季摘取生长的嫩头芽及嫩叶片作为绿色蔬菜食用。

(3)**叶片茶**　生长期摘取虎杖叶片,经洗净揉搓晒干后可制成很好的保健茶,口味和茶叶相似。

5.食用方法

虎杖的嫩茎须先用开水焯一下,在清水中浸泡后,可与肉丝、胡萝卜丝等炒食;可与甲鱼、鲫鱼、香菇等煲汤;可用盐、糖、辣椒等调料腌制成咸菜。

虎杖根可做冷饮料,将其置于凉水中镇凉(冰箱冰镇尤佳),可代茶,清凉解暑。

注意事项:孕妇禁用;一般人群忌食用过多,烹调时不宜煎炸。虎杖可引起白细胞减少。虎杖所含鞣质能与维生素 B_1 永久结合,故长期大量服用虎杖时,应酌情补充维生素 B_1。

八、车前草

车前草，学名 *Plantago asiatica* L.，别名牛遗、当道、虾蟆衣、牛舌、车轮菜，为车前草科车前草属多年生草本植物。车前草生于山野、路旁、花圃或菜园、河边湿地等，分布于全国各地，民间一般在夏、秋季采挖，除去泥沙，晒干用或鲜用。

图 3-8　车前草

车前草是具有较高营养和药用价值的药食两用植物，以嫩叶芽供食用，是一种有待大规模开发的新兴保健山野蔬菜，其潜在的市场前景十分广阔。

1.营养保健作用

车前草的嫩叶芽营养丰富，每 100 克可食部分含碳水化合物 10克、蛋白质 4 克、脂肪 1 克、钙 309 毫克、磷 175 毫克、铁 25.3 毫克、胡萝卜素 5.85 毫克、维生素 C 23 毫克，此外，还含车前二甙、桃叶珊瑚甙等。车前草种子含大量黏液质、琥珀酸、腺嘌呤、车前糖、胆碱等。

车前草味甘、性寒，归肾、膀胱、肝经，体滑降利，具有清热利尿、凉血解毒的功效，主治热结膀胱、小便不利、淋浊带下、水肿黄疸、泻痢、肺热咳嗽、肝热目赤、衄血、尿血、痈肿疮毒等症。

2.特征特性

(1)特征　车前草为多年生草本植物，无茎，株丛高 10～30 厘米，根状茎不明显，多须根。

叶根生成莲座状，叶片椭圆形、宽椭圆形或卵状椭圆形，叶基向下延伸到叶柄，长 3～10 厘米，先端钝，近全缘或边缘波状，两面无毛或具疏短柔毛，有 5～7 条弧形叶脉。

周年开花，花序数个，花从叶丛中生出，直立或斜上，被短柔毛；

穗状花序自叶丛中抽出,长5～15厘米,小花白色,花密,花冠4裂,雄蕊4枚;苞片三角形,背面突起;花冠筒状,膜质淡绿色,先端4裂,裂片外卷;蒴果椭圆形,有毛,盖裂,内藏种子4～6颗。

正常栽培情况下苗期为4～5月份,花期为7～8月份,果期为9～10月份。

(2)对环境条件要求

①温度。车前草种子在20～24℃下发芽较快,32℃以上高温下不发芽。茎叶在2～28℃范围内都能生长,10～25℃下能正常抽穗、开花、结实,28℃以上停止生长。气温超过32℃时地上部分生长受到抑制,幼嫩部分凋萎,然后叶片逐渐枯萎,整株死亡。车前草耐低温,冬季−10℃也不易冻死,在最低温低于−10℃的地区一般进行春播栽培。

②水分。车前草在不同生长时期对水分的要求不同。苗期喜湿润环境,能耐洪水浸泡7天不死。成株后抗旱性特强,正常植株在久旱无雨的条件下也能返生成活。进入抽穗期后,因根系吸收功能强大,最怕受淹,受淹后穗容易枯死。

③光照。车前草在阳光充足的条件下生长时,叶片肥厚,植株粗壮,开花多,果实成熟率高;在弱光阴蔽条件下也能生长,但植株柔嫩,易感病虫害。

④土壤。车前草喜肥耐贫瘠,对土壤要求不严,在各种土壤中均能生长,但以酸性的砂质冲积土壤为好。因为砂质土壤的土层深厚肥沃,通气良好,有利于根系深扎、吸收大量肥水,实现高产稳产。车前草在荒野土壤贫瘠的地块上生长缓慢。

3. 栽培技术

(1)整地施肥 选肥沃的砂质壤土地块。车前草生长后期吸肥量特别大,必须重施底肥,一般每亩用2000～2500千克腐熟牛粪。在施足基肥的基础上,翻耕、耙细、整平。为利于后期灌溉和排水,最好实行畦栽,畦宽 1.6～2.0 米。

(2)种子繁殖 北方播期一般为 3 月底至 4 月中旬。播种前用细沙和药剂拌种,每 50 克种子拌细沙 2 千克、25% 多菌灵 50 克,混合均匀。条播按行距 20～30 厘米开沟,沟深 1～1.5 厘米,将种子均匀撒入沟内,覆土后稍加镇压,浇水保持土壤湿润,播后 10～15 天出苗。每亩用种 0.3～0.5 千克。为提高播种质量,播种前要浇透水,播后盖细土 0.3～0.5 厘米,并盖草遮阴保湿,以利种子发芽。

(3)田间管理

①间苗。苗高 3～5 厘米时进行间苗,条播按株距 10～15 厘米留苗。

②中耕除草。车前草出苗后生长缓慢,易被杂草抑制,田间有草应及时拔除。夏季苗已封垄时切勿中耕,否则不但伤根,且易造成土壤渍水,使地下部分溃烂,地上部分枯死。

③追肥。中耕除草时结合抗旱应薄施提苗肥,每亩用硝酸铵 5 千克或碳酸铵 7.5 千克,浇水时随水施用。车前草喜肥,施肥后花穗长,产量高,可于抽穗期前后每亩用磷酸二氢钾 150 克、硼砂 100 克、萘乙酸 20 克、叶面宝 4 支,兑水 50 千克进行叶面喷洒,每 5～7 天 1 次,连喷 2～3 次。

(4)病虫害防治 车前草的病虫害主要有白粉病、褐斑病、蚜虫。防治方法如下:

①实行轮作,调节土壤养分供应情况,减少病原。

②对种子进行消毒处理。播种前用 50% 多菌灵 500 倍液浸种 30 分钟,消灭种子上的病菌,防止种子带菌。

③实行垄栽,开沟排水,降低田间湿度。

④做好病虫防治工作。做到适时打药,每亩用 50% 多菌灵 100 克兑水 40 千克,进行叶面喷洒防治褐斑病和蚜虫。抽穗期每亩用 50% 多菌灵 150 克兑水 30～40 千克,视天气情况,在转晴后每隔 4～5 天喷洒 1 次花穗,防止病菌侵染穗部。

(5)采收 车前草以嫩叶芽供食用,幼苗长至 6～7 片叶、苗高 13～17厘米时即可采挖全株。收获时可拔大留小,提高产量。

(6)保护地栽培 利用塑料大棚等保护设施也可进行冬季栽培。在保护设施内注意保持 20℃左右的温度,可在春节前后上市。

4.留种技术

车前草果穗下部果实外壳初呈淡褐色,中部果实外壳初呈黄色,上部果实已膨胀大,穗顶已收,果实有金黄色的色泽时,即可以收获。车前草抽穗期较长,先抽穗的先成熟,所以要分批采收,每隔 3～5 天割穗 1 次,半个月将穗割完。收获宜在早上或阴天进行,以防裂果落粒。用镰刀将成熟的果穗割下,装载运回。

将采回的果穗放在通风干燥的室内堆放 1～2 天,然后暴晒 2 天。脱粒后再晒,除去杂物,筛出种子,晒至全干。用手抓一把种子时,全部种子从指缝中滑落出来为干燥适度。种子晒干后用麻袋或塑料尼龙布袋包装,挂上标签,记录品名,储存在清洁、干燥、阴凉、通风、无异味的仓库中,注意避光、防潮、防鼠虫为害。每亩产干种子40～50千克。

5.食用方法

车前草的幼苗嫩叶可供食用。用沸水焯后,既可凉拌、蘸酱,又可包馅、做汤等,营养丰富,味道鲜美,香脆可口。车前草炖猪小肚:"猪小肚"即猪膀胱,其做法是将采来的鲜车前草用水洗净备用,将200 克洗净的猪小肚放到沸水锅中煮熟捞出,切块后与车前草、盐、味精、胡椒粉、葱姜、料酒、肉汤等一同入锅,炖烂后即成。车前草炖猪小肚具有清热利湿、利尿通淋的作用,可治膀胱炎、尿道炎等病。

注意事项:车前草是利尿药物,易引起低钾和其他电解质异常,故用车前草泡水喝时,不宜长期饮用。车前草可能导致胃肠功能紊乱。

第四章
特种新奇型保健蔬菜栽培技术

自 20 世纪 80 年代以后，在改革开放的新形势下，我国外事、外贸及旅游事业空前繁荣，为了满足涉外宾馆饭店、旅游行业等需要特殊配菜供应的部分需求，人们开始从国外引进"西菜"品种。那时"西菜"属于特需供应，市面上很少见，所以就有人称这类蔬菜为"特菜"。现在这些特菜有的已经广泛栽培，成为普通人们菜篮里的重要组成部分。

所谓"特种新奇型保健蔬菜"，是指从国外引进的，或者科研工作者通过对植物基因进行改造而形成的新的蔬菜品种。它们不仅含有特别营养，风味独特，而且具有一定的保健防病作用。

值得注意的是，有些从国外引进的蔬菜品种，其原产地就是中国，因此我们有责任保护好、利用好、开发好我国丰富的植物资源，积极做好蔬菜的驯化和育种工作，为发展我国蔬菜事业做出新的贡献。

一、黄秋葵

黄秋葵，学名 *Hibiscus esculentus*，又称羊角豆、补肾菜、秋葵、咖啡黄葵等，为锦葵科秋葵属一年生草本植物，主要以嫩荚（果）供食用。黄秋葵原产于非洲，2000 年前由埃及首先栽培。现在世界各地均有黄秋葵分布，以非

图 4-1　黄秋葵

洲最普遍,东南亚、日本、美国等地也较多,它是拉美人民喜爱的蔬菜品种之一。

黄秋葵在我国各地早有种植,以台湾省最多,还向日本出口。在北京、上海、广州等地,黄秋葵被认为是名优特种蔬菜品种之一,很有发展前途。

1.营养保健作用

黄秋葵嫩果含有丰富的蛋白质、游离氨基酸、维生素 C、维生素 A、维生素 E 和磷、铁、钾、钙、锌、锰等矿质元素及由果胶和多糖等组成的黏性物质。每 100 克嫩果中含有蛋白质 2.5 克、脂肪 0.1 克、碳水化合物 2.7 克、粗纤维 3.9 克、维生素 B_1 0.2 毫克、维生素 B_2 0.06 毫克、维生素 C 44 毫克、维生素 E 1.03 毫克、钾 95 毫克、钙 45 毫克、磷 65 毫克、镁 29 毫克。不同品种黄秋葵的成分含量也会有所差异。

黄秋葵的营养保健价值很高,堪比人参(在日韩被称为"绿色人参"),而且比人参更适合日常食补,具有增强身体耐力、抗疲劳和强肾补虚的作用。如黄秋葵中的维生素 A 能有效地保护视网膜,确保良好的视力,预防白内障的产生;由果胶和多糖等组成的黏性物质,对人体具有促进胃肠蠕动、防止便秘等保健作用,适当多食可增强性功能,还可以增强人体的耐力;另外,黄秋葵具有低脂、低糖等特点,可以作为减肥食品;黄秋葵含有锌和硒等微量元素,可以增强人体防癌抗癌能力;富含维生素 C,可预防心血管疾病发生,提高免疫力;另外,丰富的维生素 C 和可溶性纤维(果胶)对皮肤有一定的温和保护作用,可以代替一些化学护肤用品;可溶性纤维还能促进体内有机物质的排泄,减少毒素在体内的积累,降低胆固醇含量。

2.特征特性

黄秋葵有矮株和高株 2 种,前者茎高 1.3～1.5 米,后者茎高 2 米以上,茎粗 5 厘米,茎赤绿色,圆柱形;其株型和叶子像蓖麻,为掌状 5 裂,互生,叶缘有的呈锯齿状,有硬毛,叶柄长;花大而黄,似蜀葵,生于主枝各叶腋,由下部逐渐向上开放,雌雄同体,单花,蒴果倒圆柱形,果形像羊角,下粗上尖,又似长辣椒,果荚长 12～18 厘米,横径 1.9～3.6 厘米。嫩果有青绿色和紫红色不同品种,可供食用;老熟果为褐色,横断面五角形或六角形,还有的呈多角形,每个角有个心室,内藏种子 10 多粒。不同的品种单果荚种子数不同,一般为50～180粒。种子淡黑色,球形,外皮粗,上被细毛,千粒重 55.3～74.3 克。

黄秋葵属短日照蔬菜,喜温暖,耐热力强,不耐霜冻,15℃以下生长速度十分缓慢。植株生育期适温为 28～30℃,种子发芽适温为 25～30℃,12℃以下发芽缓慢。黄秋葵喜光照,种植过密时相互遮阴,生长不良。植株对土壤适应性强,在黏土或砂壤土上生长良好,在排水良好、土层深厚、肥沃的土壤中生长旺盛,产量高。

3.生育周期

(1)**种子发芽期** 从播种到 2 片子叶展开为种子发芽期,需 10～15 天。在适温 25～30℃ 条件下播种后 4～5 天可发芽出土,直播的发芽出土约需 7 天,采用地膜覆盖的则可提前 2～3 天,以后子叶生长展开。

(2)**幼苗期** 在 25℃ 以上温度条件下,黄秋葵从 2 片子叶展开到第 1 朵花开放前为止,为幼苗期,需 40～45 天。通常是 2 片子叶充分展开 15～25 天后,第 1 片真叶便展开,以后平均 2～4 天展开 1 片真叶。第 1～2 片真叶呈圆形。这个时期幼苗生长较慢,尤其在地温低、湿度大的情况下,幼苗生长更慢。

(3)**开花结果期** 从第 1 朵花开放到采收结束为开花结果期,需 90～120 天。黄秋葵发芽出苗后经过 50～55 天,第 1 朵花便在主枝 3～5 节处开放。通常在早晨开放,10～11 时完全开展,12 时以后开始闭合,15～16 时完全闭合。植株开花结果后,生长速度加快,长势增强,继续长茎叶。尤其在高温下生长更快,7月份高温期每3天可长1片叶,9月份需4～5天展开1片叶。在正常情况下,播种后70天左右始收;第1～2朵花从开花到收获所需天数稍长,以后随温度升高,收获天数缩短,在适温条件下(白天28～32℃,夜间18～20℃)开花后4天即可收获。

4.栽培技术

(1)**品种选择** 目前生产上的栽培品种主要为引进种。

(2)**土地和茬口选择** 黄秋葵根系发达,所以应选择保水保肥、土层深厚的壤土栽培。冬季前收获前茬后,每亩施入有机物3000～4000千克,然后深耕耙平。

黄秋葵忌连作,也不宜选果菜类作前茬,否则易发生根结线虫。选根菜类、叶菜类前茬效果较好。

(3)**栽培方式与季节** 黄秋葵生长期长,占地时间久,又加上人们尚不习惯食用,当前主要供应宾馆、高级饭店,需求量不很大。所以,目前只采用露地春季栽培、夏秋季收获与供应即可。

(4)**黄秋葵繁殖与育苗** 黄秋葵可以育苗移栽,也可以直播,以前者为主。

①育苗移栽。一般在3月中上旬于改良阳畦或日光温室中播种。首先可按菜园土6份、腐熟有机肥3份、细沙1份的比例配制营养土。再整地、做畦,铺10厘米厚营养土,踩平,浇透水,等待播种。

播前用55℃温水浸种,边搅拌边浸泡30分钟,待水温降至30～35℃时继续浸泡种子24小时。用手搓洗,用清水冲干净,捞出控水,用纱布包好,多包几层湿麻袋片,放在25～30℃温度条件下催芽。每天给种子冲洗1遍,4～5天即可出芽。

土块方格育苗。在已浇水的育苗畦中撒2厘米厚底土,再按株行距均为10厘米的间距划格,每格中间点播3～4粒种子,每亩播种量为1.5～2千克。播后用过筛细土盖严种子,厚约2厘米,再普遍撒一层薄土弥缝。为保持畦床土湿润和25℃以上的气温条件,播后在床面盖地膜,4～5天发芽出土后揭去地膜。

塑料营养钵育苗。钵里装好营养土后,每钵点播2～3粒种子,摆进日光温室中进行水分和温度管理。出苗1周后,间苗1次,每钵保留2株,2～3片真叶时定苗,保留1株健壮幼苗。

当苗龄30～40天、3～4片真叶时可移栽到大田定植。

②直播法。春季也可露地直播,一般在4月中下旬播种。如冬前已选好地,并施基肥、深翻、灌冻水,春季只需稍加平整后就可做畦。如未准备的,春季播前每亩施3000～4000千克有机肥,再施20千克磷酸二铵,将粪土掺匀后,做成1～1.2米宽的小高畦盖地膜,在离小高畦两侧边缘8～10厘米处,按穴距40厘米破膜打孔穴播,每穴播3～4粒种子。也可以按70厘米宽起单垄,按株距30厘米穴播,每亩播种量大致与育苗移栽相同,播后覆土2厘米厚,稍镇压。正常情况下,播后7天左右可出苗,盖地膜的可提前2～3天。幼苗出土后,分别于子叶期及第1片真叶期间苗,长至2～3片真叶时定苗,保留1株健壮幼苗。

也可以采用小高畦或单垄不扣地膜,分别在两侧或单垄上开3厘米深小沟条播,播后轻耧土覆平,稍压实,出苗后进行管理。条播每亩播种量为2～3千克。

(5)**定植** 育苗移栽的在4月中下旬定植。施肥、耕翻、整地、做畦、栽植、株行距同直播法。每亩栽培密度为2700～3300株。

(6)**田间管理**

①中耕除草及培土。幼苗定植缓苗后应连续中耕除草2次,提高地温,促进缓苗。第1朵花开放前应加强中耕,适当蹲苗,促进根系生长。直播的在2～3片真叶时定苗留单株。开花结果后,幼苗生长加快,每次在追肥、浇水后进行中耕培土,防止雨季植株发生倒伏。7～8月份进入高温雨季,杂草滋生快,应及时拔草,防止出现草荒。

②追肥。黄秋葵的吸肥力较强、结果期长,为了使整个生育期间

都能有充足的养分,除基肥外,要多次追肥。当苗高 30～40 厘米时,可结合中耕除草,施土杂肥和复合肥或追施一次稀粪水,每亩施 500 千克或尿素 4～6 千克;以后每隔 10 天重施一次追肥,亦可将复合肥施于行间沟中;生长中后期更要注意追肥,防止后期早衰。土壤缺硼时,应注意多追施或喷硼肥。

③浇水。黄秋葵发芽期土壤湿度过大,易诱发苗期立枯病。幼苗期需水量虽不大,也要避免因土壤过分干旱而延缓幼苗发育。开花结果期植株长势逐渐增强,其抗旱能力也相应增强,这时正值 6～8 月份,是黄秋葵的收获盛期,也处在夏季,天气炎热,水分蒸发快,过分干旱会影响植株长势和品质,应每周至少浇一次透水。雨季应注意排水,防止死苗。

④整枝和摘叶。密植栽培时应去掉基部侧枝,并适当摘叶。摘叶能改善植株底部叶片的受光状态,促进坐果;使植株底部通风良好,减轻病虫害发生;此外,摘叶也具有调节植株长势的作用。摘叶一般在生育中后期进行,在收获嫩果后保留下部 1～2 片叶后,摘除以下的叶片。稀植栽培时,侧枝一般都放任生长,如侧枝发生过多,则应适当整枝。生产中当主枝长至 50～60 厘米高时,需进行摘心,促进侧枝结果,以提高前期产量。

⑤病虫害防治。黄秋葵植株长势旺盛,抗病能力强,生长早、中期病虫害很少。苗期易发生立枯病,播前或定植前用 2000 倍敌克松消毒土壤或灌根;防治黑茎病发生,可用多菌灵 500 倍液灌根;防治黑斑病可用百菌清、代森锌 600 倍液喷雾。到开花结果期要防治蚜虫、蚂蚁、根线虫等,可用低毒高效的农药如杀灭菊酯防治。

5.采收与留种

(1)收获　移栽从定植到采收初期约需 50 天。如在 4 月中下旬定植,则 6 月中上旬便可开始采收,比露地直播的提前 7～10 天。6 月中下旬至 9 月上旬为采收盛期,管理好时可延续收获至 10 月中上旬。收获时,最好在早晨,宜用剪子剪断果梗部,以免植株受伤。

食用的黄秋葵不能采收过迟,要求采收新鲜的嫩果,一般果荚长10厘米左右,以果荚内种子未老为采收标准;收获过晚,果荚变硬,品质降低或无法食用。黄秋葵平均单果重15克,每株收果40~100个,平均单株产量0.6~1.2千克,每亩产量为2500~4000千克。

（2）留种 不同品种的黄秋葵要隔离留种。种株长到1.5米高时进行摘心,使水分和养分集中输入果实和种子里,促使籽粒饱满。留种用的果实要等外壳干黄变褐色、出现裂沟时才能采收,否则,果实未充分成熟,将影响种子质量和来年生产。采收种子要剪下果荚,进行晾晒,等果荚完全干燥时用手剥取种子,再晒干种子;不同品种的种子分别装袋,挂好标记,在干燥、阴凉、通风处保存。

6.食用方法

黄秋葵嫩果食用方法简单,可炒食、煮食、凉拌、制作罐头、做汤等,成为宾馆中常用蔬菜之一,亦可鲜销和冷藏出口,是创汇蔬菜中的佼佼者。许多国家把它作为运动员食用的首选蔬菜,也把它作为老年人的保健食品。

凉拌。将嫩果去蒂后,放入开水中烫3~5分钟,捞出,速放进凉开水中冷却,滤去水分,切成轮形薄片或切成丝,然后根据自己的口味加调料凉拌,也可以与熟虾肉凉拌。

炒食。先放置于水中烫1分钟,捞起切丝或切片,可与辣椒丝、甜椒丝、肉片（丝）、鱼片、虾仁、鸡蛋等大火爆炒,待配料快熟时再放进黄秋葵丝（片）,滴入几滴醋减少黏滑性,再加适当调味品（如盐、酱油、蒜、味精等）用火快炒即可。趁热食用,鲜嫩可口,并有类似麝香的气味,可以说是色、香、味俱全。

做汤。先将鱼或肉切成薄片,用适量的盐、酱油、白糖、胡椒粉、淀粉、料酒等腌渍数分钟,待水煮沸时,先将鱼片或肉片下锅,快熟时放进预先切好的黄秋葵片,再煮沸片刻,即成为味鲜可口的黄秋葵汤。

油炸。将嫩果切成片,裹玉米粉油炸,或将嫩果撒上面包渣或沾上面糊油炸,其味鲜美,黏滑感少。

油煎。将嫩果切片,与香肠、香菇、番茄片、洋葱、甜椒一起油煎,做成盘菜或汁汤。

蒸炖。黄秋葵可配小牛肉片或其他鲜肉在锅中蒸炖后食用。

嫩果荚可像黄瓜一样和辣椒做成酱渍、醋渍泡菜。

注意事项:黄秋葵属于性味偏寒凉的蔬菜,胃肠虚寒、功能不佳、经常腹泻的人不可多食。

二、京水菜

京水菜,学名 *Brassica campestris* ssp. chinenseis var.,全称白茎千筋京水菜,别名水菜、丝菜、水白菜、京菜等,为十字花科芸薹属白菜亚种的两年生草本植物。通常食用的京水菜是日本最新育成的一种外形新颖、含矿质营养丰富的蔬菜新品种。京水菜原产于中国,后传入日本,并进一步发展起来,20 世纪 90 年代我国开始引进栽培,又称之为"水晶菜"。

图 4-2　京水菜

京水菜外形介于不结球小白菜和花叶芥菜(雪里蕻)之间,主要食用部分是嫩叶及白色的叶柄,口感风味类似于不结球小白菜。可采食菜苗,掰收分芽株,或整株收获。京水菜的品质柔嫩,市场性好。

1. 营养保健作用

京水菜以绿叶及白色的叶柄供食用,具有独特的芳香味。每 100 克京水菜的茎叶中含水分 94.04 克、维生素 C 53.9 毫克、钙 185.0 毫克、钾 262.5 毫克、钠 25.58 毫克、镁 40 毫克、磷 28.9 毫克、铜 0.13毫克、铁 2.51 毫克、锌 0.52 毫克、锰 0.32 毫克、锶 0.93 毫克。

京水菜由于含钾量高而含钠量低,属高钾蔬菜,因此对调节心脏、心血管功能有相当好的作用。

2.特征特性

(1)**特征** 京水菜为浅根性植物,主根圆锥形,须根发达,再生力强。茎在营养生长期为短缩茎,叶簇丛生于短缩茎上。茎基部具有极强的分株能力,每个叶片腋间均能长出新植株,重重叠叠地萌发新株而扩大植株,使植株丛生。单株重可达3~4千克。叶片齿状缺刻,深裂成羽状,绿色或深绿色。叶柄长而细圆,有浅沟,白色或浅绿色。花是复总状花序,完全花,花瓣4枚,黄色,十字形排列。果是长角果,内有种子10多粒,种子近圆形,黄褐色。千粒重1.7克,发芽力3~4年。

(2)**特性** 京水菜喜冷凉的气候,不耐高温。在平均气温18~20℃和阳光充足的条件下最适宜生长。在10℃以下或高于30℃时生长缓慢,超过35℃停止生长。发芽适宜温度为22~25℃,10~30℃均可发芽。

京水菜属长日照植物,低温通过春化后,长日照有利于促进抽薹开花。光照充足有利于促进植株生长,使其叶片厚、分枝多、产量高。

京水菜不耐旱也不耐涝,生长期间忌浇水量过大。京水菜叶片较多,蒸腾量大,需水量也大。由于它属于浅根性植物,不能从土壤深层吸收水分,因此需要常浇水,以保持土壤处于湿润状态。缺水状态下,叶片不舒展,缺乏光泽。

京水菜喜肥沃疏松的土壤,适于在有机质丰富、排灌良好的壤土中生长。适宜的土壤pH为5.5~7.0。

京水菜生长能力强,整个生长期要保证充足的肥料供给,特别是要保证氮肥的供应。幼苗期对磷敏感,如果缺磷会产生营养不良,分枝力弱,颜色暗绿。钾肥能促进光合产物的运转和积累,有利于提高产量和品质。整个生长期要保证氮、磷、钾的配合使用,氮、磷、钾的合适比例为1∶0.4∶0.9,同时适当补充钙、锌等元素。

3.生长发育时期

(1)营养生长时期

①发芽期。从播种到子叶展开为发芽期,时间为7～10天。

②幼苗期。从子叶展开到植株开始出现分枝为幼苗期,约20天。

③团棵期。团棵期又称"分蘖期"、"分枝期",是京水菜旺盛生长时期。植株可以产生1级、2级和3级分枝,一直可以延续到次年3月份。叶片数可达上千。因此在这一时期应当确保肥水供应。

(2)休眠期 进入冬季,外界环境气温在5℃以下时植株生长停滞,而被迫进入冬眠阶段,时间一直持续到次年春季。在休眠期京水菜花芽开始分化。冬眠期要防止发生腐烂病。

(3)生殖生长时期

①抽薹期。翌年开春,从植株结束休眠开始恢复生长至花薹开始开花为抽薹期。植株返青后很快进入迅速生长期。叶腋处抽生花枝。花枝不断伸长,顶端花蕾也很快长大,然后开始开花。

②开花期。从植株开始开花至全部花蕾开放为开花期。在这一过程中,主花茎还不断有侧花芽抽生,并孕蕾、开花。开花期要保证肥水供应,这样有利于同化产物向角果、种子输送,种子才能饱满。

③结实期。从花谢至角果枯黄、种子成熟为结实期。进入结实期,角果开始伸长,种子膨大、成熟。从花开至种子成熟一般需30天左右。

4.品种类型

①早生种。植株较直立,叶的裂片较宽,叶柄奶白色,早熟,适应性较强,较耐热,可夏季栽培。品质柔软,口感好。

②中生种。叶片绿色,叶缘锯状缺刻深裂成羽状,叶柄白色有光

泽,分株力强,单株重3千克,冬性较强,不易抽薹。耐寒力强,适于北方冬季保护地栽培。

③晚生种。植株开张度较大,叶片浓绿色,羽状深裂。叶柄白色,柔软。不易抽薹,分株力强,耐寒性比中生种强,产量高,不耐热。

5.京水菜栽培技术

(1)栽培季节及栽培方式　京水菜适宜于在冷凉季节栽培,夏季高温期间种植效益较差,尤其是在高温多雨天植株易腐烂而失收,但是如能根据条件改变栽培方法,也能全年生产,周年供应。

①暖地春、秋、冬季露地栽培。宜用中、晚生品种,早生品种亦可种植,但产量比前两者略低。暖地夏季栽培,用早生品种直播、疏播,采取防雨降温措施,整株采摘上市。

②冷凉地春、秋季露地栽培。3个品种均可用于育苗移栽。夏季栽培采用直播,注意防涝,收获小株。冬季保护地栽培,直播或育苗移栽均可,也可直播后移植间出的小苗,将直播与育苗移栽相结合。

(2)育苗、定植

①育苗。京水菜在苗期生长较缓慢,且小苗纤弱,宜育苗移栽。可用穴盘育苗或选用肥沃疏松壤土作苗床育苗,每平方米播种量为15克,出2~3片真叶后分苗;也可以选择疏播,待6~8片真叶时直接移栽至大田。用穴盘育苗时用种量少,且定植成活率可达100%。

②定植。种植地要施经腐熟的畜粪肥作基肥,施用量根据地力及肥源而定,如施入的基肥充足,定植后可不追肥或少追肥;在地下水位较高的地块及雨水多的季节,宜用高畦栽培。

定植密度:以采收叶及掰收分生小株的栽培,可按株距20厘米、行距25~30厘米种植,每亩栽10000株。若一次性采收大株的,需稀植,株距50厘米,行距60厘米,每亩栽2500~3000株。定植后行间套种短期生的小菜,如樱桃萝卜。也可按25厘米×30厘米的行株距种植,中期间拔采收一半。

定植时不宜种植过深,小苗的叶基部均应在土面上,不然会影响植株生长及侧株的萌发甚至烂心。

(3)田间管理

①水肥管理。浇定植水后2～3天,如土壤墒情差,宜再浇水,保持小苗不蔫垂。京水菜前期生长较缓慢,一般不追肥,至植株开始分生小侧株时追施2～3次氮素化肥,或施腐熟人尿等速效性肥。采收前不宜再追肥。

②中耕除草。京水菜前期生长慢,不间种的地要及时中耕除草、浅松土。掰收分株的采收后要及时除去杂草。

③病虫害防治。在低温和极度潮湿的环境下易发生霜霉病。以保护地冬、春季栽培较多发,栽培上要注意合理灌溉,增施磷、钾肥,以提高植株的抗性。冬、春季保护地栽培用中、晚熟种,较抗霜霉病。药剂防治可喷洒百菌清、乙磷铝等。虫害主要有蚜虫,保护地有白粉虱。喷洒一喷净效果很显著。

(4)采收

①小株采收。当京水菜苗高15厘米左右时,可整株间拔采收,作为火锅的上等配菜。

②分株采收。京水菜定植后约30天,基部已萌生很多侧株,可陆续掰收,但一次不宜收得太多,根据植株的大小掰收外围一轮,待长出新的侧株后陆续收获。

③大棵割收。植株长大封垄时,可一次性割收,每亩产量约3000千克。

6.留种生产技术

京水菜的冬性强,特别是中、晚生种,在气候温暖的地区不易采种。早生种在种子萌动后或幼苗需在低于10℃的温度条件下,经过100天或更长的时间才能完成春化过程。如在北京郊区采种,应于秋季播种,在日光温室中直播,按30厘米×40厘米的株行距定苗,分多次删除植株外围的分蘖株,抽薹后留1~3条主枝,次春开花,春末、初夏种子成熟。用小株采种的,于1月份冷床育苗,或直播于日光温室中,温度控制在2~10℃之间,春暖后即揭去塑料膜改用防蚜纱网,5月下旬至6月上旬种子成熟,每亩产种子约180千克。

采种地要严格与十字花科芸薹属白菜亚种及染色体数$2n=20$的品种隔离,苗期注意除去裂叶宽阔的植株和杂异株。

7.食用方法

京水菜可像白菜一样炒食、腌渍、涮火锅等。在北方,用京水菜涮火锅已成为一种时尚。腌制京水菜:将京水菜洗净,晾干表面水分后,用盐(500克菜使用20克盐)将其搓揉软,短时置放于冰箱冷藏室。食用时取出用凉开水冲洗,滤去余水,切成2厘米长小段装盘,加上香油、甜醋拌匀即可。一般人群均可食用京水菜。

三、芦　笋

芦笋,学名 *Asparagus officinalis* L. ,别名石刁柏、龙须菜等,是百合科天门冬属的多年生植物。芦笋原产于地中海东岸及小亚细亚,目前欧洲、亚洲及北非草原和河谷地带仍有野生种。芦笋已有2000年以上的栽培历史,17世纪传入美洲,18世纪传入日本,20世纪初传入我国。

图4-3 芦笋

芦笋是世界十大名菜之一,在国际市场上享有"蔬菜之王"的美称,在国内市场上仍属销量较少的稀特蔬菜。芦笋以嫩茎供食用,质地鲜嫩,风味鲜美,柔嫩可口。芦笋在世界各国都有栽培,以美国最多。

芦笋是我国主要的创汇蔬菜。山东省是芦笋生产的主要基地,年出口芦笋罐头约占全国出口总量的1/3,在全国芦笋生产和出口中占有举足轻重的地位。中国的芦笋主要销往美国、日本和欧洲各国。

1.营养保健作用

芦笋营养丰富,每100克鲜芦笋含蛋白质2.5克、脂肪0.2克、碳水化合物5克、粗纤维0.7克,钙22毫克、磷62毫克、钠2毫克、镁20毫克、钾278毫克、铁1毫克、铜0.04毫克、维生素A 90国际单位、维生素C 33毫克、维生素B_1 0.18毫克、维生素B_2 0.02毫克、烟酸1.5毫克、泛酸0.62毫克、维生素B_6 0.15毫克、叶酸0.109毫克、生物素1.7微克,可放出热量10.92千焦。芦笋含有大量特有的天门冬酰胺和天门冬氨酸等人体所需的氨基酸,还有甾体皂苷、甘露聚糖、芦丁等,所含维生素不仅种类多,而且数量也多,故被推崇为高级蔬菜。

芦笋味甘、性寒,归肺、胃经,清热解毒,生津利水。芦笋具有暖胃、宽肠、润肺、止咳、利尿等功能,对高血压、血管硬化、心脏病、糖尿病、膀胱炎、急慢性肝炎及肝硬化有一定的辅助治疗效果。早在《神农本草经》上已将芦笋列为"上品之上",称其"久服轻身益气延年"。据现代医学研究发现,芦笋中含有的天门冬酰胺是一种能抑制癌细胞生长的物质。1974年,化学家卢茨得出芦笋可以治疗癌症的结论。芦笋对白血病、淋巴癌、乳腺癌、肺癌均有特殊作用。现在,我国已经开发出芦笋茶、芦笋胶囊、芦笋酒等产品,深受国内外广大消费者的青睐。

2.特征特性

(1)形态特征　芦笋有强大的根系和根状茎(变态的地下茎)。根有2种:一种是贮藏根,另一种是吸收根。贮藏根起固土和贮藏养分的作用,这种根呈肉质状,所以又称"肉质根",长120～130厘米,横径4～6毫米,整条粗细一致,寿命较长,随着年限增加而增多。吸收根是吸收养分和水分的主要器官,这种根细而多,所以又称纤维根,寿命较短,每年更新。

芦笋茎分为地下根状茎和地上茎两部分。地下根状茎是节间极短的变态茎,先端有很多芽,芽由鳞片叶包裹,称为鳞芽。地下茎先端的芽特别强壮,在未抽生地上茎时,芽基叶腋中的侧芽也发育成鳞芽,互相密接群生,称为鳞芽群。每个鳞芽顺序向上生长,形成嫩茎,伸出土面。若适时采收嫩茎,可作为商品供食用;若留一部分不采收,嫩茎继续向上生长,长成为地上茎,高150~250厘米,并多次分枝,长成株丛。

芦笋的叶子退化成薄膜状的小鳞片,长在茎的节上,颜色为淡绿色。从叶腋中长出5~8条短枝,上面生长着绿色针状物,像叶并不是叶,而是分枝。分枝是一种变态茎,能进行光合作用,称为叶状枝或拟叶。

芦笋雌雄异株,雌株高大,茎粗,分枝部位高,枝叶稀疏,发生茎数少,产量低,寿命短;雄株矮小,分枝部位低,枝叶繁茂,春季嫩茎发生早,产量较雌株高20%~30%。

芦笋夏季开花,花小,雌花白绿色,雄花较雌花长而色深,为淡黄色,虫媒花。雌花结成圆球形、绿色浆果,成熟后果为赤色,种子黑色坚硬,略为半球形,稍有棱角,优良种子每克40~50粒,千粒重为20~25克。种子发芽势弱,生产上宜用新种子播种育苗。

(2)环境条件要求

①温度。芦笋的适应性强,既耐寒又耐热,种子发芽最低温度为10℃,适温为25~30℃,约10天可出苗。芦笋嫩茎的适宜生长温度为15~22℃,产品质量好;温度高时嫩茎生长快,但超过30℃时,嫩茎基部及外皮容易纤维化,嫩尖鳞片易散开,品质降低;超过35℃时,嫩茎生长几乎停止;15℃以下时生长开始缓慢,嫩茎发生减少,产量低;5~6℃为植株生长的最低温度,10℃以上时嫩茎才会伸出土面;当土壤10厘米处地温在13℃以下时,极易形成空心笋。在冬季寒冷

地区,芦笋地上部枝条不耐寒,易枯死,而地下部根状茎和肉质根的抗寒力却很强,在－20℃的低温条件下进入休眠期,能安全越冬;在冻土层深达1～1.5米时仍能安全越冬。幼苗能忍受－12℃的低温。春季地温回升到5℃以上时,鳞芽开始萌动。

②光照。芦笋对光照敏感,喜阳光充足,在光照条件好的情况下,地上部枝条生长健壮,能把大量光合产物贮藏到地下根茎里,促进地下根状茎和根系的生长,使嫩茎产量高。嫩茎生长快慢也与光照条件有关,不培土的绿芦笋比培土的白芦笋见光多,所以生长得也快。

③水分。芦笋的根入土深而广,而地上部是针形的叶状枝,蒸腾作用小,有较强的耐旱能力,能适应干燥的气候,但过分干旱会增加空心笋而减产。芦笋不耐湿,若土壤中积水,会造成缺氧,阻滞地下根系和鳞芽生长,甚至造成鳞芽腐烂,易发生茎枯病等。芦笋的吸收根发育较弱,仍要求有充足的水分供应,若水分供应不足,会影响植株生长,尤其在采收期间,水分不足时嫩茎发生少而细,易老化。

④土壤及营养。芦笋适应性强,在各种土壤上均能种植。但要获得高产,需要选择疏松、透气、土层深厚、地下水位高、排水良好的土壤,一般以富含腐殖质的砂壤土和壤土最适宜。芦笋能适应微酸性到微碱性土壤,以pH 6～6.7最适宜。芦笋是多年生蔬菜,又是深根性的,栽培芦笋既要考虑当年产量又要考虑植株多年健壮生长而不衰。所以,要求在栽培过程中,除定植时施足有机肥外,还要追施以氮肥为主并以磷钾肥相配合的优质畜禽粪及速效性化肥。

3. 品种类型

根据嫩茎颜色的不同,芦笋可分为绿色芦笋、白色芦笋、紫绿色芦笋、紫蓝色芦笋、粉红色芦笋等。多数品种在不同的栽培条件下,嫩茎的颜色也不同。例如,在芦笋生产中,同一品种既可以采收绿笋也可以采收白笋,在嫩茎长出地平面之前培成小高垄,使嫩茎在土壤中生长,在出土之前采收的嫩茎为白色,称为白笋;如果在嫩茎长出地平面之前不培成小高垄,使嫩茎在自然光照条件下生长,嫩茎为绿色,称为绿笋。由于品种的不同或环境的变化,芦笋的嫩茎基部或头部会形成紫色、紫绿色、紫蓝色或粉红色等色泽。

芦笋按嫩茎抽生早晚分早、中、晚 3 种类型。早熟类型嫩茎多而细,晚熟类型嫩茎少而粗。

我国种植的品种大多从美国引进,从种植情况看,大部分表现好。生产上主要栽培品种有玛丽华盛顿 500、玛丽华盛顿、加州大学 309、加州 711、加州 157F1、泽西系列、台南选 1 号、台南选 2 号等。另外,江苏省农业科学院蔬菜研究所经过多年研究,已选育 4 个杂交组合,33×18、37×36、34×18、37×4 均比 U_C72 增产 1 倍以上。

4.栽培技术

(1)品种和栽培地的选择 芦笋是多年生宿根作物,种植后有 10 年甚至 15 年以上的经济寿命。因此,它比一般农作物的选种和选地更需慎重。

①选择品种。选择品种时一定要慎重,切不可因种子价格便宜便草率购买,而影响整个生长期的产量和经济效益,尤其是不能随便将一般生产田中所产的种子采下种植。选择时,把丰产、优质、抗病性强作为重要标准。具体为:嫩茎抽生早,数量多,肥大,粗细均匀,先端圆钝,而且鳞片包裹紧实,在较高温度下也不易散开,见光后呈深绿色或紫色;以采收绿笋为目的的芦笋,还要求植株高大,分枝笋位高,笋头鳞片不易散开,见光后呈绿色。

②栽培地的选择。要选择适于根系及根株发育的土壤。因为芦笋的根系不仅具有着吸收水分和无机养料的功能,供应植株生长发育的需要,而且还是一个贮藏器官,即作为地上茎叶同化养分的贮藏库。因此,使根系发达不仅能增强植株的吸收机能,而且还扩充了同化养分的库容量。所以,只有在利于根系发育的土壤上种植,以形成

强大的根系,才能获得高产优质。

虽然芦笋对土壤的适应性很强,但不同性质的土壤对根系发育的影响仍很大。在疏松深厚的砂质土上,植株的肉质根多、长、粗;而在黏性重的土壤上,肉质根少、短、细。一般以土质疏松、通气性好、土层深厚、排水良好,并有一定保水、保肥力的沙土或壤土为最适宜。

应避免选择透气性差的重黏土;避免选择耕作层浅、底土坚硬、根系伸展不下去的土地;避免在强酸性或强碱性的土壤上种植,以选择 pH 5.8~6.7 的微酸性土壤为最适宜;不能在地下水位高的地块种植;不能在水稻的近邻种植,否则会因水田渗水,土壤长期过湿,而影响根系的发育和植株的生长;不能在石砾多的土地上种植,否则会使嫩茎弯曲,降低产品的质量;以前为桑园、果园、番茄地的土地也不宜种植,否则易发生紫纹羽病。

(2)栽培方式

①直播栽培。直播栽培有植株生长势强、株丛生长发育快、成园早、始产早、初年产量高等优点,但同时有出苗率低、用种量大、苗期管理困难、易滋生杂草、土地利用不经济、成本高、根株分布浅、植株容易倒伏、经济寿命不长等缺点。因此,除土地多、气候温暖、芦笋生育期长的地方采用外,通常不大应用。但自 20 世纪 70 年代以来,由于地膜覆盖技术和除草剂的普及,解决了出苗率低和杂草滋生的问题,该方式的应用逐渐增多。

②育苗移栽。育苗移栽是生产上最常用的方法,该方法便于苗期精心管理,出苗率高,用种量少,可以缩短大田的根株养育期,有利于提高土地利用率。

(3)繁殖和育苗

①繁殖。芦笋的繁殖法有分株繁殖和种子繁殖 2 种。

分株繁殖是通过优良丰产的种株,掘出根株,分割地下茎后,栽于大田。其优点是,植株间的性状一致、整齐,但费力费时,运输不便,定植后的长势弱,产量低,寿命短。一般只作良种繁育栽培。

种子繁殖便于调运,繁殖系数大,长势强,产量高,寿命长。生产上多采用此法繁殖。种子繁殖有直播和育苗移栽之分。

②种苗分类。芦笋按其苗龄长短分小苗和大苗 2 种。按育苗场所和方法可分露地直播育苗、保护地播种育苗、保护地营养钵育苗等。露地直播一般育大苗,保护地直播和营养钵育苗一般育小苗。本节主要介绍保护地营养钵育苗移栽培技术。

小苗苗龄为 60～80 天,苗高 30～40 厘米,茎数 3～5 个。一般于 2～3 月份在保护地中播种,5 月份后定植于大田,以利于延长年内的生长时间,翌年即可开始采收。

大苗又称一年生苗。一般苗龄长达 5 个月,在高寒、无霜期短的地区,则需 1 年。一般大苗所需的有效积温界限为 2500～3000℃,在此范围内相应的株高为 70～100 厘米,肉质根 12～30 条,根株重 20～60 克。

③保护地营养钵育苗技术。

制备营养土:营养土要求肥沃、疏松,既保水又透气,土温容易升高,无病菌、害虫和杂草种子。一般用洁净园土 5 份、腐熟堆厩肥 2～3 份、河泥 1 份、草木灰 1 份、过磷酸钙 2%～3%,充分混合均匀,用 40%甲醛 100 倍液喷洒,然后堆积成堆,用塑料薄膜密封,让其充分熏杀、腐熟发酵,杀灭病虫和杂草种子。如土壤酸度大,还需加撒石灰矫正。堆制应在夏季进行,翌年播种前将这种培养土盛于直径 6～8 厘米的营养钵中。

播种时期和播种量:保护地育苗一般在 2～3 月份进行,苗龄 60 天,5 月份定植于大田。每钵播 1 粒种子,并盖土 2 厘米厚。

浸种与催芽:播前用 30～40℃温水浸种 3～4 天,浸种后可直播或催芽后播种。催芽适温为 25～30℃,催芽期间,每天用温水淘洗 1 次,洗净皮外黏液,待 15%～20%种子露白时播种。

苗期管理:在塑料棚等保护设施下,应以温度、水分管理为中心。从播种至出苗阶段,除供给充足水分或营养钵上覆地膜保湿外,应将棚膜四周密封保温,尽量保持较高的棚温,以加速出苗。出苗后除去地膜并进行通风换气,降低床温,以免幼茎徒长,致使倒伏。还要随着外界气温上升加大通风换气量。晚间要盖上棚膜,并覆草苫,以免霜害和冻害。一般白天床温保持在25℃左右,最高温不得超过30℃;夜间最低温在12～13℃之间,日平均温度为20℃左右。由于经常通风换气,床土极易干燥,营养钵苗更易失水,故应经常浇水,一般3～5天浇水1次。苗期追肥只需2次,第一次在第一支幼茎展叶后,可结合浇水施尿素,浓度为1%,每亩用量为10～15千克,其后20天左右再施1次,用量同第一次。

这样,经过2～3个月精心培育,苗高25厘米左右,于春季晚霜过后即可定植于露地,定植后第二年即可采收。

(4)整地与土壤改良　芦笋根系的分布广而深,深层土壤的理化性状改良,只能依赖定植前的土壤耕作。因此,定植前必须通过耕作创造一个适于根系生长、促进植株生育、有利于提高植株耐病力的土壤生态环境。

一般旱地要深翻30厘米,水田需更深一些。要打破犁底层,以利于雨水渗滤,避免田间积水。结合深翻,每亩撒施腐熟堆肥5000千克。另外,每亩需施过磷酸钙100千克,与堆厩肥混合后施入土中,以尽量满足芦笋一生中对肥料的需要。

(5)定植

①时期。保护地营养钵育苗一般于5月份开始定植于准备好的大田。

②方法。将幼苗连同营养钵运到地头,撕去塑料钵时不要弄散土团和伤害根系。挖坑,将幼苗连同整个土团垂直放入,深度以土覆盖土团为好。

③密度。白芦笋行株距为(160～180)厘米×30厘米,每亩栽1200～1400株;绿芦笋行株距为(140～160)厘米×30厘米,每亩栽1400～1600株。栽后立即浇水,有利于缓苗。芦笋不耐涝,要避免

笋田积水,挖好排水沟,并搞好雨后排涝。

(6)大田管理

①浇水。保护地定植后浇一次透墒水,以后结合中耕松土提高地温,并减少地面蒸发,促进嫩茎早抽出。进入正常的采收年份后,每年冬前需要浇一次冻水。春季土壤解冻后一般不浇水,若浇水太早,反而降低土壤温度,延缓嫩茎的抽生。露地坚持见干见湿管理。

②追肥。每次采收后每亩追施腐熟的有机肥 1500～2000 千克,并结合冬前浇冻水再施一次有机肥,施肥量同前。第二年春季土壤解冻后,再施入有机肥 1000 千克以上,嫩茎采收后地上部分生长旺,植株对各类营养元素的需求量有不同程度的增加,此时应增加施肥量和肥料种类。

③打顶疏枝。夏末秋初新茎长出 1.0～1.2 米时摘心打顶,以促进茎秆粗壮,一方面防止倒伏,另一方面加大通风透光,可以促进光合作用,同时注意清洁田园。冬季或早春将芦笋地上部分的枯枝砍去清除。

④采收笋期的管理。白芦笋第一次采收多在定植后第二年春天进行。白芦笋采收前必须培土软化,培土高度为 25～30 厘米,以便获得洁白、鲜嫩的白嫩茎。一般在 3 月下旬培土,4 月中上旬始收。绿芦笋不用培土,在留母茎的情况下,从 3 月下旬开始,一直采收到 11 月初。在保护地条件下,可全年采收。

⑤主要病虫害。芦笋发生的病虫害主要有立枯病、根腐病、褐斑病、茎枯病、夜盗虫、地老虎、蓟马等。

(7)早熟栽培措施

①小棚覆盖栽培。在 2 月份开始扣中棚,可使芦笋比露地提早 20～40 天上市,到 6 月下旬结束,此后主要为生长茎叶、养根株。

②大棚覆盖栽培。在 1 月份扣棚,再进行多重覆盖,包括地膜、小拱棚二重覆盖等措施,使芦笋采收始期提早到 2 月份,到 6 月份结束,此后为长茎叶、养根株。

③日光温室或大棚酿熟温床栽培。将二年生根于 11 月上旬掘起,排在日光温室或大棚酿熟温床中,使嫩茎从 12 月份始收,到 3 月份结束。棚内可与蔬菜轮作栽培。

5.采收及分级标准

①采收。白芦笋采收持续期与芦龄和植株茎叶生长关系密切。第一年采收期为 30 天,第二年为 40 天,第三年为 60 天,第四年为 80～90 天。采收期间每天上午查看地面,发现有裂缝或湿润的地方,可扒开表土,插入掘刀至笋头 18 厘米左右处切断。收获白芦笋时应比绿芦笋更加小心,要求位置准确,避免嫩茎及地下茎受到损伤。采收的芦笋要用黑色或深色布包裹盖好,防止变绿,收获后应及时将空洞填平。当绿芦笋嫩茎长到 20 厘米长、嫩茎尚未散开时,用刀从地面或地下 1～2 厘米的地方割下。收获时应小心,以避免损伤嫩茎,采收盛期可 1～2 天收获 1 次。

②绿芦笋分级标准。一级:长度 17～22 厘米,直径 1 厘米,笋尖形态完整良好,呈绿色或浅绿色,无开裂畸形、空心,无病虫为害及其他损伤,无硬化和粗纤维组织。二级:长度和粗度略低于一级品。三级:茎长 8 厘米以上,粗度 1 厘米,有轻微弯曲畸形或开裂。

③产量。芦笋第一年每亩产 360 千克左右,第二年每亩产 1400 千克左右,第三年每亩产 2200 千克左右,从第四年起,每亩产 3000 千克左右,种芦笋比种普通叶菜类蔬菜增收显著。

6.食用方法

芦笋肉质洁白、鲜嫩,口味甘甜香郁,可用来炒、蒸、煮、渍,亦可生食凉拌。经过软化栽培的白尖芦笋,是制作罐头的优良原料;次笋和削的皮茎经榨汁后可作为各种饮料的原料。

注意事项:一是因其含有少量嘌呤,痛风和糖尿病病人不宜食用;二是不宜生吃,也不宜存放 1 周以上才吃,而且应低温避光保存;

三是芦笋中的叶酸很容易被破坏,所以若用来补充叶酸,应避免高温烹煮。

四、苦苣

苦苣,学名 *Cichorium endivia* L.,别名苦菊、苦菜、狗牙生菜、花菊苣、天精菜、花叶生菜、齿叶生菜等,为菊科菊苣属一年或二年生草本植物。苦苣叶部发达,有苦味,因其生长形状与散叶生菜相似,故有人称之为"花叶生菜"。

图 4-4　苦苣

苦苣易被误认为是叶用莴苣,实际上二者为同科不同属的植物。苦苣与菊苣为同属植物,有着很近的亲缘关系,二者的种子非常相似。苦苣在欧洲的生食类蔬菜中占有重要的地位。

苦苣原产于欧洲南部及东印度,目前在世界各国均有分布。在我国,除气候和土壤条件极端严酷的地区外,几乎遍布各省区。苦苣在我国的栽培历史仅几十年,广州、东北地区近几年发展较快,种植面积逐年扩大。随着人们对生食蔬菜需求量的增加,苦苣将有很好的发展前景。

1. 营养保健作用

(1)营养成分　每 100 克鲜苦苣中含蛋白质 1.8 克、糖类 4.0 克、膳食纤维 5.8 克、钙 120 毫克、磷 52 毫克,以及锌、铜、铁、锰等微量元素,维生素 B_2、维生素 C、胡萝卜素、烟酸、腊醇、胆碱、酒石酸、苦味素等化学物质。苦苣中维生素、胡萝卜素的含量分别是菠菜中含量的 2.1 倍和 2.3 倍。苦苣嫩叶中氨基酸种类齐全,且各种氨基酸比例适当。

(2)食用价值　苦苣是一种特产的食用植物,可炒食或凉拌,是清热去火的佳品。苦苣因口味甘中略带苦,且有清热解暑的功效,因而受到广泛的好评。

①防治贫血，增强机体免疫力，促进大脑机能。苦苣中含有丰富的胡萝卜素、维生素C以及铁盐、钾盐、钙盐等，对预防和治疗贫血病、维持人体正常的生理活动、促进生长发育和保健有较好的作用。

②清热解毒，杀菌消炎。苦苣中含有蒲公英甾醇、胆碱等成分，对金黄色葡萄球菌耐药菌株、溶血性链球菌有较强的杀菌作用，对肺炎双球菌、脑膜炎球菌、白喉杆菌、绿脓杆菌、痢疾杆菌等也有一定的杀伤作用，对黄疸性肝炎、咽喉炎、细菌性痢疾、感冒发热及慢性气管炎、扁桃体炎等均有一定的疗效。

③防治癌症。苦苣水煎剂对急性淋巴型白血病、急慢性粒细胞白血病患者的血细胞脱氧酶有明显的抑制作用，还可用于防治宫颈癌、直肠癌、肛门癌等。

2.特征特性

(1)特征特性 苦苣的根系浅生，须根发达。茎短缩，生育天数多时茎伸长，叶腋也抽出细茎。茎生叶短小，常分枝。

叶为根出，叶数十片，成莲座状。株展为60～70厘米。叶面稍皱缩，具光泽，叶缘全缘或缺刻深，外叶绿色，心叶浅黄色至黄白色，叶背面稍具茸毛，外叶苦味重，心叶苦味轻。软化栽培时，叶色变成黄白色，苦味也减少很多。

叶形分皱叶和平叶2种类型。皱叶类型叶片长倒卵形或长椭圆形，深裂，叶面多皱褶，质地较柔嫩，苦味轻；平叶类型叶片长卵圆形，深裂，叶面平。

花为叶腋单生或簇生的头状花序，花冠淡紫色，雌蕊和花药淡蓝色；开花后半个月左右结灰褐色圆筒形小种子。种子短柱状，灰白色，千粒重1.6～1.7克，发芽力可保持10年。

(2)对环境条件的要求 苦苣喜冷凉湿润的气候条件。

①温度。种子在4℃时开始缓慢发芽，发芽适温为15～20℃，需

要 3～4 天。30℃以上高温时发芽受抑制,红光能促进种子发芽。幼苗的生长适温为 12～20℃,叶簇的生长适温为 15～20℃,苦苣的耐寒及耐热性能均较强。

②光照。苦苣属长日照植物,在长日照下的发育速度随温度的升高而加快。光照充足有利于植株生长,光照弱则心叶变白,苦味降低,失去苦苣的特有风味。

③水分。苦苣生长期较短,叶片柔嫩,含水量高,生长期间应供应充足水肥,否则影响产量和品质。

④土壤。苦苣对土壤要求不严格,在有机质丰富、土层透气性良好、保水保肥力强的壤土栽培能获得优质高产。苦苣较耐干旱,但叶部生长盛期如缺水,则叶小且苦味重。因此,宜选择有机质丰富、土层疏松、保水保肥的黏壤土和壤土栽培。

⑤抗病性。苦苣的抗病性较强,很少发生病虫害,可作为无公害绿色蔬菜栽培。

(3)生长物候期 埋于土壤中的苦苣种子在春、夏、秋三季均可发芽出苗,其物候期进程一般为 3～4 月份出苗、6～7 月份开花、7～8月份成熟,生育期为 120 天。

秋季萌出的苗一般难以绿色体越冬,呈现一年生性状。而在亚热带以南地区,一般四季均可出苗,并能以绿色叶片越冬。在中亚热带以南地区,冬季也能开花结实。

以安徽省合肥地区为例,越冬的绿色叶丛一般于 2 月底返青,3月中旬以后抽薹,4 月中旬以后孕蕾,5 月上旬开花,5 月上旬至 6 月上旬结实并成熟,生育期为 104 天,生长期为 8～10 个月。在合肥地区,越冬种子于 3 月中旬以后出苗,7～8 月份成熟,生育期约 120 天。夏末秋初生出的苗,初冬也能开花结实,但茎秆低矮,种子难以完全成熟。呈莲座状的苗株可以顺利越冬,凡已抽茎开花者,地上部分不能越冬。

3.类型与品种

常见的苦苣有皱叶、细叶、花叶、宽叶 4 种类型。皱叶类型叶缘有波浪式皱缩;细叶类型叶片全裂,形成细丝状叶片;花叶类型叶片浅裂,叶缘锯齿状无皱缩;宽叶类型叶片为板叶,叶缘有齿。目前国内栽培的品种多为细叶和皱叶类型。

(1)**花苦一号** 花苦一号为北京蔬菜研究中心选育的皱叶苦苣品种。中熟,长势旺盛,生长整齐,耐热、耐湿,较抗抽蔓,最长叶 40 厘米,单株重 500 克,叶片数达 100 片,生长收获期 70～90 天,适宜各种形式的栽培。

(2)**细苦一号** 细苦一号为北京蔬菜研究中心选育的细叶苦苣品种。早熟,株型紧凑,外叶绿色,心叶白色,叶片全裂,形成细丝状叶片,开展度 25～30 厘米,单株重 400 克左右,叶肉厚,品质佳,定植后 50～60 天收获。

(3)**宽苦一号** 宽苦一号为北京蔬菜研究中心选育的宽叶苦苣品种。中早熟,植株直立,叶片较宽,叶肉厚,外叶浅绿色,心叶白色,开展度 50 厘米,叶片长 30 厘米、宽 15 厘米,单株重 500 克左右,叶片数 80 片左右,质地柔嫩,品质佳,定植后 60～70 天收获。

4.栽培季节与栽培方式

(1)**露地栽培** 苦苣最适宜秋季种植,秋季可露地栽培。8 月上旬播种,8 月下旬定植,10 月份收获。南方地区冬季也可以露地种植,8～10 月份可分批播种。

(2)**秋冬保护地栽培** 北方地区一般在日光温室中进行,可于秋季、第二年春季分批播种、分批供应。春季供应的可以 9 月份播种,10 月份定植,春季收获。

(3)**夏季冷凉地种植** 夏季苦苣最好在高山地区种植,以保证优良的品质和周年供应。4～5 月份育苗,7～9 月份收获。

采种者于秋季播种,冬季严寒地区保护其越冬,春季带土移植于采种圃,或就地留种,株行距各 30 厘米左右。6 月份抽薹,8 月份采收种子。如选择春播采种应尽量早播,使植株有一定数量的叶片后再分化花芽、抽薹开花,这样种子的产量和质量可基本得到保证。

5. 栽培管理技术

(1)育苗 选择一块 2 年以上没有种过十字花科蔬菜的地块做苗床,播种前对苗床浇足底水,水渗下后播种。一般每平方米需种子 5 克,苦苣种子小且顶土能力弱,播后盖 0.5 厘米厚细土。为保持土壤湿润,可覆盖地膜,当 70% 苗拱土后撤去地膜,3～5 天即可出齐。苗期喷施速溶复合肥 500 倍液 2～3 次,植株 5～6 片叶时定植,一般苗龄 30 天左右。夏季育苗注意防治蓟马。

在寒冷地区育苗移栽或直播时,春茬宜早种,利用保护设施育苗,具 7～8 片真叶时定植。育苗较节省种子,25 克种子育成苗可种 1 亩大田。

(2)整地、施肥、做畦 选择肥沃、疏松、平整的土壤,避免重茬。最好的前茬为豆科作物。每亩施用腐熟有机肥 2000～3000 千克,复合肥 50 千克,与土壤充分混合后即可做畦。苦苣一般采用平畦栽培,畦宽 1.3～1.5 米,也可高畦双行定植。

(3)定植 苦苣的品种不同,定植的密度应有所差异。早熟种的生长期短,开展度小,应当密植,每亩定植 5000～6000 株。中、晚熟种应适当加大行株距,每亩定植 3000～4000 株。

(4)田间管理

①浇水。缓苗期视情况一般浇 2 次缓苗水,每次浇水量随秧苗长大逐渐增多。生长盛期要保持土壤潮湿,收获期要适当控水。

②追肥。苦苣施肥以底肥为主,若底肥充足,可以不追肥;若底肥不足,可在发棵后随水追一次氮肥,每亩施硫酸铵 20 千克左右。

③温度管理。苦苣喜冷凉,生长适宜温度为 10～25℃,最适宜温

度为 15～18℃，在适合的季节栽培苦苣一般很易成功。如采用保护地方式栽培，管理上夏、秋季节应注意降温，冬季注意保温。冬季温室栽培时，温度控制在白天 22～25℃，夜间 6～8℃。应注意空气相对湿度的管理，早上和中午要进行放风。浇水要少，浇水时宜选择连续晴天的天气进行。保护地采用透光性好的功能膜。冬季保持膜面清洁，白天揭开保温覆盖物，日光温室后部挂反光幕，尽量增加光照强度和时间。夏、秋季节适当遮阳降温。

④中耕除草。定植缓苗后开始中耕，前期要浅，中期要深，后期做到不伤根，叶簇旺长期后，以浇代锄。

(5)病虫害防治　春、秋季节应注意防治蚜虫。苦苣与生菜类病害相似，应注意防治霜霉病、白粉病等。苦苣如果在盐分高的保护地种植或在夏季高温时种植，易发生因缺钙而造成的心叶干边现象，可通过叶面喷施钙肥防治，如氯化钙或硝酸钙等，浓度为 0.3%～0.5%，生长后期每星期喷 1 次。

苦苣易发生腐烂病。这是一种细菌病害，常在生长后期因莲座叶密生、中心处郁闭而容易引发腐烂病。几乎所有叶片的叶基腐烂，从短缩茎上脱落，不能食用。苗期防治可用氯化苦消毒床土。定植后可以喷药防治，可用 70%甲基托布津可湿性粉剂 1500 倍液喷洒。

6.软化技术

为得到优质苦苣，生长后期应采取软化心叶的措施，常用方法有以下几种。

(1)束缚软化　该方法适于春播的早熟种夏期软化，当叶片十分繁茂时，聚集起来用宽绳束缚。此时正值高温多湿，软化迅速，约经 5 天内部的叶即失绿而软白，可以采收。如果经 7 天不采收则内叶腐烂，而阴雨天多时则腐烂更加严重。软化时干旱地不宜浇水。

(2)覆土软化　该方法适于夏播的晚熟种秋冬季软化，其方法简单，于每株顶上覆土一锹即可，约经 20 天苦苣即软白并可以采收。

（3）**培土软化**　该方法适于秋冬季的软化,先如束缚法聚集绿叶再捆扎,从培土开始经 30 天左右苦苣即软白并可以采收。苦苣难免带土、不洁净。

（4）**覆盖物软化**　此法比较费工、费料,但生产的产品比较干净。选用圆形的硬纸板、盘子、大型杯子、黑纸等覆盖物盖在植株上即可。可因地制宜地选用一些废料按此法进行生产。

（5）**窖内软化**　此法适于秋冬软化,将苦苣移植于土窖内遮蔽日光,苦苣经 20～30 天即软白并可以采收。普通播种后 90 天即可采收,软化以全部叶或内部叶变黄色或白色为度,随后可采收,否则,过期不采有腐烂的危险。

7.收获与贮藏

一般于播种后 90～100 天采收苦苣,此时叶片已充分长大,外观株棵已丰满。收获时可整株割收,将基部黄叶掰掉,装箱即可出售。

采后的苦苣很容易失水萎蔫,宜在早晨采收,或采后将苦苣捆扎,放入清水中假植 4～5 小时,可增加产品鲜嫩度,须及时上市。

也可加工成净菜上市。把苦苣清洗干净后,在阴凉处晾去水分,再用保鲜膜分量包装,贮存于 2～4℃冷库内。在相对湿度 95% 条件下可贮存 10～15 天,然后陆续上市。

8.食用方法

苦苣一般用于生食,尤其软化的部分,可以整叶蘸酱,也可以拌色拉食用。苦苣与生菜相比更有韧劲,味道和口感与众不同。苦苣还可以炒食、炖食以及作为火锅涮料。

注意事项:苦苣为寒性食物,脾胃虚弱、纳少便溏者不宜食用;孕妇也不宜多吃,以免引起腹泻等;苦苣不宜与蜂蜜一同食用。

五、紫背天葵

紫背天葵,学名 *Gynura bicolor* D. C. ,别名血皮菜、观音菜、紫背菜、红风菜,是菊科三七属多年生常绿宿根草本植物。其嫩茎叶有较高的食用和药用保健价值。

紫背天葵原产于我国南部,在四川、台湾、海南等温暖湿润地区栽培较多。以前在我国北方有零星种植,如利用日光温室可以很容易地实现周年生产供应。近年来,紫背天葵在北方各地也大受欢迎,种植面积不断扩大。

图 4-5　紫背天葵

紫背天葵栽培容易、营养丰富,口味也好,能在春天淡季及夏、秋淡季供应,对补充淡季市场有一定作用。同时紫背天葵生长健壮,病虫害少,可免施农药,生长供应期长,有较高的经济效益和良好的社会效益。作为无公害和保健蔬菜,紫背天葵具有广阔的发展前途,值得大力推广。

1.营养保健作用

紫背天葵是一种集营养保健价值与特殊风味于一体的高档蔬菜。每 100 克嫩茎叶中含水分 92.79 克、粗脂肪 0.18 克、粗蛋白 2.11 克、粗纤维 0.94 克、维生素 A 5644 国际单位、维生素 B_1 0.01 毫克、维生素 B_2 0.13 毫克、维生素 C 0.78 毫克、钾 136.41 毫克、钙 89.66 毫克、铁 1.61 毫克、磷 18.73 毫克、烟酸 0.59 毫克。鲜嫩茎叶和嫩梢的维生素 C 含量较高,还含有黄酮苷等。据测定,每 100 克干物质中含钙 1.4～3.0 克、磷 0.17～0.39 克、铜 1.34～2.52 毫克、铁 20.97 毫克、锌 2.60～7.22 毫克、锰 0.47～14.87 毫克。

紫背天葵属于药膳同用植物,既可入药,又是一种很好的营养保健品。紫背天葵的食疗保健作用主要体现在提高机体免疫力及治疗某些疾病、生理活性物质能清除自由基及抵抗衰老等两个方面。紫背天葵富含铁元素、维生素 A 原、黄酮类化合物及酶化剂锰元素,具有活血止血、解毒消肿等功效,对儿童和老人具有较好的保健功能。特别需要指出的是,紫背天葵中富含的黄酮苷成分,可以延长维生素 C 的作用,减少血管紫癜。紫背天葵可提高抗寄生虫和抗病毒的能力,对肿瘤有一定的预防效果。紫背天葵还具有治疗咳血、血崩、痛经、支气管炎、盆腔炎及缺铁性贫血等病症的功效。在中国南方一些地区,紫背天葵更是被当作补血良药,是产后妇女食用的主要蔬菜之一。

2. 特征特性

(1)**形态特征**　紫背天葵全株为肉质,根粗壮,茎直立,高约 45 厘米,绿色,节部带紫红色。分枝性强,分枝与茎成 45°角。老茎半木质化,嫩茎肉质。

叶互生,在茎上呈 5 片叶序排列,叶卵圆形,长 15～18 厘米,宽约 5 厘米,厚约 0.1 厘米,边缘有锯齿。上部新叶的基部延伸一对类似抱茎的极小裂片,叶面绿色,略带紫色,叶背紫红色,表面蜡质,有光泽,老叶背面紫色较淡。

栽培的紫背天葵很少开花。一般在 10～12 月份开花,头状花序直径 0.5～2 厘米,在茎顶作伞房状疏散排列;花序梗远高出于茎顶;总苞筒状,总苞片草质,2 层,外层近条形,小苞片状,长仅为内层的 1/3～1/2,内层条形,边缘膜质;花黄色,全为两性管状花,不易结实;花药基部钝,先端有附片;花柱分枝。瘦果矩圆形且扁,有纵线条,被微毛;冠毛白色,绢毛状。

(2)**生长习性**　紫背天葵抗逆性强,耐旱、耐热、耐阴、耐瘠薄,病虫害少,在一般地块上均能良好生长。

①温度。紫背天葵为喜温性植物,较高温度有利于生长,但在炎夏烈日高温季节生长缓慢。生长适宜温度为20～25℃,能耐受最高气温为35℃,最低气温为-5℃。适宜根状茎萌发的日均气温为8～22℃,嫩茎生长适宜温度为20～28℃。30℃以上时其茎秆木质化速度加快,30℃以上或8℃以下时生长缓慢。只要温度适宜,可周年生长,无明显休眠期。秋季开花至翌年春季。

在温暖的南方,紫背天葵能在露地条件下自生自长。紫背天葵不耐寒,虽能忍耐3～5℃的低温,但遇霜冻会枯死,在北方不能露地越冬,需在初霜之前挖取植株,存放在保护地防寒。

②光照。紫背天葵对光照要求不严,较耐阴,可在背阴地边及房前屋后的空地栽植,在连阴雨条件下也能良好生长。充足的日照可使其生长更加旺盛,有利于提高产量,若光照不足则生长细弱。

③湿度。紫背天葵喜湿润环境,土壤水分充足有利于植株生长,使产量高、品质好,但也耐旱,在较干旱条件下仍可缓慢生长。其根部耐旱,在夏季高温干旱条件下不易死亡。

④土壤。紫背天葵对土壤的适应性很强,极耐瘠薄,即使在石缝中也能生长,但在高产栽培时应选择肥沃的土壤。在黄壤、砂壤、红壤等土壤中均可种植。适宜pH为5.5～6.5。

⑤肥料。紫背天葵主要收获嫩梢和嫩叶,因此需氮最多,其次是钾和磷。栽培过程中,除施足有机肥作底肥外,生长期间还要多次追肥。

(3)与白凤菜的区别 白凤菜,学名 *G. divarricata*,又名富贵菜、白子草、白背三七草、菊三七、白背菜,中药名为白背土三七,其特征与紫背天葵相似,人们通常称它们为姊妹种,其实它们是三七属的2个不同种。白凤菜叶片浅绿色,有小毛,长势旺盛,抗性强,产量高,食用品质不如紫背天葵,种植没有紫背天葵普遍。

3.栽培方式与栽培季节

(1)露地栽培 一般指在露地无霜期内栽培,4月份育苗地,5月份定植露地,6月份开始收获,可一直收获至下霜。终年无霜区可以随时种植。

(2)温室栽培 紫背天葵在节能日光温室中可长年栽培,四季供应。一般8～9月份育苗定植,进入冬季后开始采收,可一直收获至第二年秋季再换茬。

4.栽培技术

紫背天葵为半栽培种,栽培历史较短,生产上还没有多个品种供选择。栽培时通常采用无性繁殖法培育种苗。为提高种性,选择培育无毒种苗时也可采用种子繁殖。

(1)育苗 紫背天葵的节部易生不定根,目前多用扦插繁殖法育苗。春季从健壮的母株上剪1～2段,每段带3～5片叶,摘去枝条基部1～2片叶,插于苗床上。苗床可用土壤或细沙,也可扦插在水槽中。扦插株距为6～10厘米,枝条入土约2/3,浇透水,盖上塑料薄膜保温保湿,保持20℃,经常浇水,经10～15天成活。成活后即可带土移栽。在无霜冻的地方可周年繁殖。在北方应在保护地内育苗。如果少量栽培,也可直接把枝条插在栽培地里。

紫背天葵连年进行无性繁殖时,很容易感染花叶病毒病,降低产量和品质。解决的办法是用种子繁殖更新,或用茎尖做组织培养脱毒,培育无病毒幼苗。

(2)定植 大面积栽培紫背天葵时,应选择好土地,每亩施3000千克腐熟的有机肥,深翻、耙地,施适量磷、钾肥,翻地后可做成1～1.2米宽的高畦。南方可周年定植,定植的株行距为(25～30)厘米×30厘米,每亩栽5500～6000株。种植密度视地力而定,肥沃地稀植,瘠薄地密植。定植后及时浇水。在北方,根据温度条件一般在5月初开始定植在露地。

(3)**田间管理** 紫背天葵的适应性和抗逆性都很强,很少发生病虫害,粗放管理也能生长良好。为了提高产量和品质,主要应做好肥水管理。在施足基肥的基础上,每采收一次后,每亩追施稀薄的人粪尿 1000 千克或尿素 10～12 千克。虽然紫背天葵的耐旱性很强,但充足的水分供应有利于茎叶生长、提高产量、改进品质。一般每次追肥后都应及时灌水,遇旱也应灌水,保持土壤经常处于湿润状态。但灌水量不宜太大,以见干见湿为宜,避免水资源的浪费。在干旱季节,紫背天葵易发生蚜虫,应注意防治。及时采收也可减少蚜虫的发生。

(4)**采收** 当植株高达 25～30 厘米、嫩梢长 15 厘米左右时即可采摘。第一次采摘留基部 2～3 节叶片,以后每一叶腋又长出 1 个新梢,下一次采收留基部 1～2 节叶片。紫背天葵的采收供应期很长,可从春季一直供应到冬季,采收的旺盛季节为春、秋两季。在南方,春、秋两季为 10～15 天采摘 1 次,夏季和冬季 20～30 天采摘 1 次。一般采摘的次数越多,分枝越旺盛。在北方,温暖的夏季一般每 15～20 天采摘一次,早春、深秋或冬季温室生产为 25～30 天采摘 1 次。

5.食用方法

紫背天葵的食用方法很多,可凉拌、做汤菜,也可与食用菌类素炒,与肉类荤炒,或用糖醋渍制等,风味都别具一格。紫背天葵略具茼蒿的芳香,质柔细滑,脆嫩可口,是集营养价值与特殊风味于一体的高档蔬菜。人们常将紫背天葵泡酒、泡水做成药酒或保健茶饮用,具消暑散热、清心润肺的功效。紫背天葵泡水后呈淡紫红色,味微酸带甘甜,郭沫若曾赞之曰"客来不用茶和酒,紫背天葵酌满情"。

注意事项:一般人群均可食用紫背天葵,但其性寒凉,体质寒凉虚弱的人慎食。

六、抱子甘蓝

抱子甘蓝,学名 *Brassica oleracea*
L. var. gemmifera Zenk. ,别名芽甘蓝、
子持甘蓝,为十字花科芸薹属甘蓝种
二年生草本植物。抱子甘蓝原产于地
中海沿岸,以鲜嫩的小叶球为食用部
位,是近 2 个世纪以来欧洲、北美洲国
家的重要蔬菜之一,我国台湾省有少量种植。

图 4-6　抱子甘蓝

抱子甘蓝近年来开始引入我国,北京、广州、云南等省市已有种
植,面积并不大,主要是供应大型饭店和宾馆,百姓的餐桌上还不多
见。不过随着许多新特蔬菜栽培的发展,抱子甘蓝在中国的生产及
市场是很有潜力的。

1.营养保健作用

抱子甘蓝食用部分为腋芽处形成的小叶球,风味似结球甘蓝却
具有自身独特的口味,在众多蔬菜种类中营养价值很高。每 100 克
嫩叶中含有粗蛋白 4.9 克、脂肪 0.4 克、糖类 8.3 克、维生素 C 102 毫
克,胡萝卜素 883 国际单位、维生素 B_1 0.14 毫克、维生素 B_2 0.6 毫
克、钙 42 毫克、磷 80 毫克、铁 1.5 毫克,其蛋白含量在甘蓝类蔬菜中
是最高的。

抱子甘蓝性平、味甘,一般人皆可食用,有补肾壮骨、健胃通络之
功效,可用于治疗久病体虚、食欲不振、胃部疾患等症。据最新报道,
抱子甘蓝叶球内含有微量元素硒,经常食用有防癌作用。

2.特征特性

(1)形状　抱子甘蓝与结球甘蓝在形态上相似,主茎直立高大,
株高 50～100 厘米。主茎上的叶片较结球甘蓝小,近圆形,叶缘上卷

呈勺子形,具长叶柄。每一叶腋的腋芽均能膨大发育成小叶球。按叶球的大小可分为大抱子甘蓝(直径大于 4 厘米)和小抱子甘蓝(直径小于 4 厘米),小抱子甘蓝的品质较细嫩。复总状花序,完全花,花瓣黄色,十字形排列,异花授粉。长角果,一般授粉后约 40 天种子成熟。种子圆球形,红褐或黑褐色,千粒重 4 克左右,贮藏年限一般为 3 年。

抱子甘蓝是典型的微型蔬菜,芽球圆形,重 10~20 克,形状小巧,口感好,营养价值高,适宜作高档食品。

(2)生存环境　①温度。抱子甘蓝喜冷凉的气候,耐寒力很强,在气温下降至-4~-3℃时也不致受冻害,能短时耐-13℃或更低的温度。抱子甘蓝耐热性较结球甘蓝弱,其生长适温为 18~22℃。小叶球形成期最适温度为白天 15~22℃,夜晚 9~10℃,以昼夜温差 10~15℃的季节或地区生长最好。

②光照。抱子甘蓝属长日照植物,但对光照要求不甚严格。光照充足时植株生长旺盛,小芽球坚实而大。在芽球形成期如遇高温和强光,则不利于芽球的形成。

③水分。整个生长期喜湿润,但不宜过湿,以免影响抱子甘蓝的生长。

④土壤。抱子甘蓝的种植需在土层深厚、肥沃疏松、富含有机质、保水保肥的壤土或砂壤土上。抱子甘蓝生长过程不可缺少氮、磷、钾肥,尤对氮肥的需要量较多,其适宜的 pH 为 5.5~6.8。

(3)抱子甘蓝与结球甘蓝的比较　抱子甘蓝与结球甘蓝相比,生长期要长得多。结球甘蓝早熟品种从定植到收获需 60 天左右,而抱子甘蓝从播种育苗到收获,即便是早熟品种也需要 120 天左右,而且收获期还要 2~3 个月。因而,抱子甘蓝在栽培上有其自己的特点。

3.类型及品种

抱子甘蓝品种类型多,可分为早、中、晚熟 3 种类型,也可依据其茎直立生长分高、矮2种类型。高生种茎高100厘米以上,叶球大,多晚熟;矮生种茎高约50厘米,节间短,叶球小,多早熟。

主要栽培品种有由日本引进的杂种一代早生子持、由美国引进的杂种一代王子、从荷兰引进的杂种一代科仑内、由北京市农林科学院从国外优良品种中选育的京引1号、由英国引进的杂种一代温安迪巴佐、从法国引进的中熟种伊思等。

4.栽培季节及方式

抱子甘蓝叶片的生长期需要较高的温度,而结球期需要较低的温度。如果叶片生长期温度低,则植株生长缓慢,不能结球。如果结球期温度高,则芽球结球质量下降,品质变劣,结球变得松散且长。各地应根据当地的气候条件,具体安排栽培季节与栽培方式。

(1)北方地区秋冬季温室栽培 7～8月份播种,11月份至翌年4月份收获。春节前需要收获完毕的,一般应在7月中旬播种育苗。北方大部分地区不太适合抱子甘蓝的其他栽培方式。普通甘蓝由于品种多,生长期短,各个季节都可以种植,因此种植抱子甘蓝要注意其特殊性。

(2)北方高山冷凉地区春夏温室或大棚栽培 利用高山冷凉地区的夏季冷凉特点,使用温室栽培,使得前期温度升高,进入结球阶段外界温度尚低,从而满足抱子甘蓝的正常生长需要,满足抱子甘蓝的夏季供应。一般1～2月份育苗,2～3月份定植,6～7月份收获。

(3)冷凉地区夏秋温室栽培 冷凉地区9月份的气候能满足抱子甘蓝结球的要求,可以进行夏秋季生产。一般5～6月份育苗,6～7月份定植,9～12月份收获。

(4)南方地区秋冬季露地栽培 8～10月份播种,11月份至翌年3月份收获。我国南方的大部分地区如云南、福建等地的秋冬季气候适合抱子甘蓝生长。

5.栽培技术

(1)品种的选择　应根据本地区的气候条件和既有的农业设施和市场需要,选择适宜的品种。如北京地区春季栽培宜选择定植后90～100天能成熟的早熟品种,如美国的王子、荷兰的科仑内、日本的早生子持等。

①用种量。抱子甘蓝种子千粒重4克左右,每亩用种量为10～15克,每亩定植2000株。

②播种期。根据栽培季节而定,一般在苗龄40天左右、幼苗5～6片真叶时定植。早春气温低时苗龄会延长。

(2)整地施肥　将田地耕耘整平后做畦,畦的形式要根据土质、季节、品种等情况而定。如地势高、排灌方便的砂壤土地区,可开浅沟或平畦栽培;如果土质黏重、地下水位高、易积水或雨水多的地区,则宜做高畦或跑水的平畦。

抱子甘蓝生长期长,需肥量大,生长不良会直接影响产量,所以定植前应施足基肥。每亩施腐熟的有机肥2000～3000千克或磷肥20千克。

(3)育苗　抱子甘蓝多采用育苗移栽的方法,这样既可以大量节省用种量,也能缩短作物在田间占地的时间。

①穴盘育苗或营养钵育苗。这样能够达到精量播种,一次成苗。基质用草炭1份加蛭石1份,覆盖料一律用蛭石,每立方米基质加入1.2千克尿素和1.2千克磷酸二氢钾,肥料与基质混拌均匀后备用。

播种前需检测发芽率。穴盘育苗采用精量播种,种子发芽率应大于90%,用温汤浸种法浸泡处理种子后播种。每穴放种子1～2粒,覆盖蛭石约1厘米厚。覆盖完毕后将苗盘喷透水,以水分从穴盘底孔滴出为宜,使基质最大持水量达200%以上。出苗后及时查苗补缺。

②苗床育苗。一般需二次成苗。苗床要选择通风良好、排灌方

便的地块,每亩大田用种量为 20~25 克,播种面积约 4 米², 播种后浅覆土。夏、秋季育苗时,播种后要用黑色遮阳网在床面直接覆盖,再浇透水,保持土壤湿润。种子出苗后及时撤去遮阳网,降温防雨。高温炎热的晴天要日盖晚揭。小苗长出 2~3 片真叶时分苗一次,需苗床 10~13 米²。

③苗期管理。早春育苗要注意保温,温度控制在 20~25℃,齐苗后注意放风。夏季育苗要防高温、干旱、暴晒。阴雨天防止通风不良引起的烂苗,及时防治蚜虫、菜青虫等。植株 3 叶 1 心后,结合喷水进行 1~2 次叶面喷肥。苗龄 30 天左右、植株 5~6 片叶时定植。

(4)定植

①定植密度。早熟品种可做 1.2 米宽的畦种双行,株距 50 厘米,每亩植 2000 株左右。高生种每畦种一行,每亩栽 1200 株。

②定植方法。带土定植,尽量少伤根,提高成活率。选择阴天或晴天傍晚定植。用穴盘或营养钵培育的苗伤根少或不伤根,定植后成活率可达 100%。如果是用苗床育的苗,定植前一天要把苗地浇透水,次日带上土坨起苗,起苗后当天定植完毕。

北京地区如果春季露地栽培,要用粗壮大苗,覆盖地膜后按株距打孔栽种。栽植后浇足定根水,然后用竹片架设小拱棚保湿。这样能早缓苗,使植株生长快,在夏季高温之前可以结成小叶球,减少叶球松散率。

(5)田间管理

①水肥的管理。幼苗定植后要经常浇灌水,以保证小苗生长对水分的需要。尤其是秋茬栽培,正值炎热高温季节,水的管理更显得重要。灌溉可以改良田间小气候,能起降温作用,减少蚜虫及病毒病的发生。定植后 4~5 天,结合浇水点施提苗肥,每亩用尿素约 5 千克,以促苗快长。第二次追肥时间可在定植后 1 个月左右。以后在小芽球膨大期以及小叶球始收期分别再追肥一次,每次每亩用尿素 10~15 千克或用农家腐熟的稀粪肥追施。植株生长的中期,水分管

理以见干见湿为原则。当下部小叶球开始形成时,又要经常灌溉,使土壤保持充足的水分。雨天要及时排水。

大棚温室栽培时要注意补钙肥,因为抱子甘蓝需钙量较大。在用微喷灌溉时,常造成棚内土壤含盐量高,影响抱子甘蓝对钙的吸收。解决的方法是在高温期过后,改微喷为沟灌,灌水量要大,并在叶面喷施 0.3%磷酸钙或 0.3%~0.5%氯化钙,每周 1 次,连喷 3~4 次。其他管理可参照露地栽培进行。

②中耕松土、除草。每次灌水施肥后要进行中耕松土、除草,并结合中耕进行培土,防止植株倒伏。

③整枝。当抱子甘蓝的植株茎秆中部形成小叶球时,要将下部老叶、黄叶摘去,以利于通风透光,促进小叶球发育,也便于将来小叶球的采收。随着下部芽球的逐渐膨大,还需将芽球旁边的叶片从叶柄基部摘掉,因为叶柄会挤压芽球,使之变扁。

在气温较高时,植株下部的腋芽不能形成小叶球,或已变成松散的叶球,应及早摘除,以免消耗养分或成为蚜虫藏身之处。同时要根据具体情况到一定时候摘去顶芽,以减少养分的消耗,使下部芽球生长充实。一般矮生品种不需摘顶芽。

北京地区秋栽抱子甘蓝时,10 月中下旬始收后,气温已逐渐下降,冬前需移植保护地假植,使之继续生长,陆续收获。可不在露地打顶,以便抱子甘蓝多生叶,结更多的小叶球,增加产量。

④假植。北京郊区露地秋栽抱子甘蓝时,大多数品种刚开始采收气温便逐渐下降,为延续采收,要假植于大棚或日光温室中,应在立冬前完成。要带土坨假植,开沟种,株行距 30 厘米×50 厘米,每亩植 4000 株。大棚内假植时,冬季要用双层膜覆盖,从 11 月份收获至第二年 2 月底。在日光温室假植时则要注意放风,白天温度控制在15℃左右,夜间在 5℃左右。

⑤病虫害防治。抱子甘蓝的病虫害与结球甘蓝相同,所以不宜与甘蓝类作物重茬。主要病害有黑腐病、菌核病、霜霉病、软腐病、黑

斑病和立枯病等。对病害要进行综合防治,如选用抗病品种、从无病植株采种、避免与十字花科蔬菜连作、适期播种、发现病苗及时拔除以及结合药剂防治。防治病害的农药有代森锌、百菌清、波尔多液等杀菌剂。9月份是黑腐病容易发生的时期,幼苗染病后子叶和心叶变黑且枯萎,成株叶片多发生于叶缘部位,呈 V 字形黄褐色病斑,病斑边缘淡黄色,严重时叶缘多处受害至全叶枯死。在高温高湿的环境下,宜每隔 7～10 天喷药 1 次预防。

抱子甘蓝的虫害主要有菜粉蝶、菜蛾、菜蚜、甘蓝夜蛾、菜螟虫等。特别要注意防治蚜虫,及早治疗,因蚜虫侵入小叶球后难以清洗,严重地影响产品质量和产量,并传播病毒病。

(6)采收与贮藏 抱子甘蓝各叶腋所生的小叶球是由下而上逐渐形成的,成熟的小叶球包裹紧实,外观发亮。早熟种定植后 90～110 天开开始收获,晚熟品种需 120～150 天开始收获。每株可收40～100个,每亩产量 1000～1200 千克。

贮藏。将采收的小叶球用打了小孔的保鲜膜包装,每 0.5～1 千克装 1 袋,外用纸箱盛装,在 95%～100% 相对湿度下,可贮存 2 个月。经速冻处理后可冷藏 1 年,仍能保持新鲜。

6. 留种

在秋播的抱子甘蓝中,选择生长适应性强、小叶球多而整齐一致的植株,不摘顶芽,待小叶球收获完毕后,集中种植于采种圃。采种圃设在日光节能温室中,冬季要经常放风,使温度处于 1～5℃ 范围内。春季气温转暖时,把温室裙部塑料薄膜拆下,换上防蚜纱网,植株抽薹后进行蕾期授粉。6 月中旬种子成熟后即可收获,并于秋季播种栽培。若群体整齐、无杂异株、小叶球保持优良性状,可再选择单株作种株,株系间异花授粉,扩大繁殖。

7.食用方法

抱子甘蓝小叶球的食用方法很多,可清炒、清烧、凉拌,做汤料、火锅配菜、泡菜等。最简便的食法是用小刀在洗净的小叶球基部割成"一"或"十"形,切割的深度约为小叶球的1/3,然后放在已加少量盐的沸水中煮3～7分钟,捞起后沥去余水,浇上黄油、奶油、生抽酱油、蚝油或肉汁等调料拌匀,即成小包菜色拉。也可以用高汤煮熟直接食用,外观碧绿诱人,风味独特。

注意事项:一般人皆可食用抱子甘蓝,但食少积滞、消化系统疾病者应少食。

七、落 葵

落葵,学名 *Basella rubra* Linn.,别名木耳菜、胭脂菜、胭脂豆、藤菜、紫角叶等,为落葵科落葵属一年生草质藤本植物。落葵原产于亚洲热带地区,在非洲、美洲栽培较多。

落葵耐热、耐湿,是江南地区夏季的

图 4-7 落葵

主要蔬菜,对于解决7～9月份南方蔬菜淡季有重要的作用,为南方的主要蔬菜之一。由于北方人喜食果菜,故落葵在北方栽培较少。由于落葵营养丰富,食用口感好,栽培容易,既可食用,又可美化环境,加上近年来人们生活水平的提高,需要的蔬菜品种增加,因此落葵的栽培面积有明显的增加趋势。

1.营养保健作用

每100克落葵含水分92.8克、蛋白质1.6克、碳水化合物2.8克、脂肪0.3克、膳食纤维1.5克、灰分1克、胡萝卜素2020微克、视黄醇337微克、维生素 B_1 0.06毫克、维生素 B_2 0.06毫克、烟酸0.6

毫克、维生素 C 34 毫克、维生素 E 1.66 毫克,还含有矿物质钾 140 毫克、钠 47.2 毫克、钙 166 毫克、镁 62 毫克、铁 3.2 毫克、锰 0.45 毫克、锌 0.32 毫克、铜 0.07 微克、磷 42 毫克、硒 2.6 微克。落葵中钙的含量很高,是菠菜的 2～3 倍,且草酸含量极低,是补钙的优选菜。

落葵食性甘、酸、寒,归肝、脾、大肠经,具清热解毒、润燥滑肠、凉血生肌的功效,可用于便秘、痢疾、皮肤炎症等症的辅助治疗。高血压、肝病、便秘患者可以多食,老年人宜食用。其主要作用有:一是降压作用,落葵含热量低、脂肪少,经常食用有降血压作用;二是抗癌防癌,落葵中富含一种黏液,对抗癌防癌有很好的作用。

2. 特征特性

(1)特征 落葵的根系发达,植株生长势较强。茎肉质,光滑无毛,右旋缠绕,分枝性强。我国栽培的落葵一般茎横断面圆形,横径约 0.6 厘米,茎高为 3～4 米。

落葵的叶互生,近圆形或卵圆形,先端钝或微凹,基部心脏形,全缘,肉质,光滑,绿色或紫红色。

花序穗生,小花无梗,两性花,白色或紫红色。果实圆形或卵圆形,绿色或紫绿色,老熟后呈紫红色,内含 1 粒种子,种子黑紫色,直径 4～6 毫米。开花后约 1 个月种子成熟,种子千粒重 25 克左右。

(2)特性

①湿度。落葵喜温暖,较耐热,不耐寒。种子发芽适温为 25℃左右,露地播种时,要求温度在 15℃以上才能发芽出苗。适宜生长温度为 20～25℃,但温度持续在 30～35℃时,只要不缺水,仍能正常生长发育;温度若低于 10℃便停止生长;遇霜即受冻而死。

②光照。落葵为短日照植物,短日照条件可促进花芽分化,长日照有利于营养体生长。落葵对光照强度要求不严,在高温阴雨条件下可旺盛生长。

③水分。落葵喜湿润的环境条件,土壤水分充足、空气湿度较大

时茎叶柔嫩,遇旱则叶片纤维增加,品质降低。但土壤不宜长时间积水,雨季应注意排水。

④土壤和养分。落葵对土壤的适应性较强,在各种土壤中及房前屋后均可种植,但高产栽培应选择疏松肥沃的砂壤土,pH 以 4.7～7.0 为宜。

落葵是可多次采摘收获的蔬菜,生长期长,从土壤中吸收养分较多,因为主要采收嫩茎叶。在肥料三要素中吸收氮最多,其次是钾和磷。在施肥管理上,除应重施基肥外,生育期还应多次追肥。

3.类型品种

落葵有红花、白花和紫黑花 3 种。生产上常用的是前两种。

(1)红花落葵　茎呈淡紫色、粉红色或绿色,叶的长和宽几乎相等。侧枝基部叶窄长,叶的基部呈心脏形,主要品种有:

①红叶落葵。红叶落葵也称赤色落葵、红梗落葵。茎叶腋及叶缘呈淡紫色,叶片深绿色,较小,长、宽约 6 厘米,呈卵圆形,穗状花序,花梗长 3～4.2 厘米。原产于印度、缅甸及美洲等地。主要栽培品种有江门红叶落葵。

②青梗落葵。青梗落葵是红色落葵的一个变种,它与红叶落葵的主要区别在于其茎脉均为绿色,其他性状与红叶落葵相似。

③大叶落葵。大叶落葵又名广叶落葵。嫩茎为绿色,老茎局部或全部呈粉红色至淡紫色,叶色深绿,顶端急尖,有明显的凹陷,叶片呈心脏形,基部凹入,下延叶柄,叶柄有较深的凹槽。叶形较大,长 10～15 厘米,宽 8～12 厘米,穗状花序,梗长 8～13 厘米。原产于亚洲热带地区和我国的海南、广东等地。品种有贵阳大叶落葵、江口大叶落葵、湖南大叶落葵等。

(2)白花落葵　白花落葵又称白落葵、细叶落葵。茎呈淡绿色,叶片呈卵圆形至长卵圆披针型,基部圆或渐尖,顶端尖或微钝尖,边缘波状。基叶最小,平均长 2.5 厘米,宽 1.5 厘米。原产于亚洲热带地区,栽培面积较小,以采收嫩梢食用为主。

4.栽培技术

(1)**栽培季节** 落葵在春、夏、秋三季均可栽培,但以春季栽培较普遍。一般从 4 月份开始分期播种,可一直延续播到秋末。播后 40 天左右可间拔幼苗采收上市,成株后采摘嫩叶的,可陆续采收到深秋。若采用塑料大棚或日光温室栽培,可于 2 月下旬至 3 月上旬育苗,30 天后定植在大棚或温室内,可提前 40 天左右采收,也可利用保护地进行秋季延后栽培。

(2)**播种育苗** 根据食用要求不同,落葵可采用田间直播或育苗移栽。食用幼苗的落葵多用直播法,以多次采收嫩茎叶或嫩梢食用的,以育苗移栽法为好。落葵还可采用扦插繁殖。

采用育苗移栽时,育苗地宜选择排灌方便、高燥向阳、肥沃的砂壤土。每亩施优质农家肥 3000 千克,加适量的氮、磷、钾肥料。翻耕后耙细做苗床,灌水找平床面准备播种。

落葵的种壳厚且坚硬,春季播种的干种子需 10 多天才能发芽。为加快出苗,在播种前应进行浸种催芽。方法是将种子放入 45℃ 的热水中搅拌浸泡 30 分钟,然后在 25～30℃ 的温水中浸种 5 小时,搓洗干净后保温保湿催芽,种子露白即可播种。秋播时可用采收的新鲜种子直接播种。

育苗移栽多采用撒播。每亩地用种量为 6 千克左右,播后覆土 1.5～2 厘米,再盖草帘或遮阳网,浇足底水。春播时应覆盖塑料薄膜,以提高土壤温度,利于种子发芽。出苗后应及时松土,干旱时适量浇水。幼苗长出 2 片真叶时进行疏苗,当苗龄达 4 叶 1 心时进行定植。

田间直播时多采用条播或穴播,条播的行距为 20～30 厘米,株距为 15 厘米;穴播的行距为 40 厘米,穴距为 30～35 厘米,每穴播种 4～5 粒。

(3)定植　春播的落葵在当地终霜期终止后,当 5 厘米地温稳定在 15℃时即可定植。定植的行株距:单株栽植时为(20～25)厘米×20 厘米,穴栽时为(40～60)厘米×(25～30)厘米。每穴栽 2～3 株,穴内株间距保持 3～4 厘米。定植后浇足水,水下渗后及时封土,加强田间管理,促进缓苗。

田间直播以采收嫩茎叶食用的,长出 4 片真叶时可定苗,株距 20 厘米左右;采收幼苗食用的,长出 5～6 片真叶即可以间拔幼苗上市。

(4)田间管理

①中耕培土。一般在缓苗后及时中耕,上架前进行最后一次中耕,并适当向植株基部培土。

②肥水管理。落葵的生长期较长,经多次采摘后需肥量较大,以收获嫩茎为主的更需要大量氮肥。栽培过程中在施足基肥的基础上,生长期间还要多次追施速效氮肥,以促进茎叶生长。一般在定植缓苗或定苗后,每亩追施硫酸铵 25 千克、复合肥 15 千克。以后每采摘一次即应追肥,每次追肥数量为尿素 15 千克或复合肥 15 千克。

落葵喜湿润,但田间积水又容易烂根。所以,浇水的原则是小水勤浇,以保持土壤经常处于湿润状态。一般每采摘 1 次,结合追肥灌 1 次水,遇旱时应增加灌水次数。

③病害防治。落葵的病害有"鱼眼病"。可用 65％代森锰锌可湿性粉剂 600 倍液或 50％代森铵 800 倍液防治,每隔 7～10 天喷洒 1 次,连续喷洒 2～4 次效果较好。

(5)植株调整　一般在植株高 30 厘米左右时应进行支架引蔓。支架的形式以直立栅栏架最好。通过支架引蔓,使植株在空间均匀、合理分布,增加受光面积,显著提高产量和品质。

根据落葵采收部位的不同,在生长期间可采用不同整枝方法。在植株调整中摘除花茎和腋芽,防止生长中心的过快转移,减少养分过多的消耗。这是植株调整的关键技术,是高产稳产的主要措施之一。

以采收嫩梢食用的,在株高 33～35 厘米时收割头梢,留下 3～4 片叶,选留 2 个强壮侧芽成梢,其余抹掉。收割二茬梢后,选留 2～4 个强壮侧芽成梢。在生长的中后期,应尽早抹掉茎幼蕾,减少植株营养消耗,促进叶片和茎梢生长。到收割末期,植株生长势逐渐减弱,要及时整枝。只留 1～2 个强壮的侧芽成梢,其余剪掉,有利于茎梢发育,促使叶片肥大,提高品质,缩短收获的间隔时间,增加收获次数,提高总产量。

以采收嫩叶食用的,整枝方法较多,但整枝的基本原则是:选留的骨干茎蔓除主蔓外,均应选留植株基部的强壮侧芽。骨干茎蔓上一般不再保留侧芽成蔓,骨干蔓长到架顶时摘心。摘心后,再从骨干茎蔓基部选留一个强壮侧芽成蔓,逐渐代替原骨干蔓,成为新的骨干蔓。原骨干蔓上的叶片采收完毕后,从紧贴新骨干处剪掉下架。在收获末期,可根据植株生长势的强弱,减少骨干蔓的数量。同时,也应尽早抹掉花茎幼蕾,以利于长成肥厚柔嫩的叶片。

(6)采收 落葵生长迅速,以采收幼苗供食用的,播后 40 天即可间拔收获。采收嫩梢的,在株高 30 厘米左右即可留 3～4 片叶收割。采收方法可用手摘或剪刀剪,收割长度约 16 厘米,收割头梢后隔 7～10 天可再次收割,一般可连续采收 3～5 次。采收嫩叶的,在生长前期时 15～20 天可采一次,中期 10～15 天采一次,后期 7～10 天采一次。春播的可连续采收 4 个多月,但需及时摘除花茎,以利叶片生长,提高产量。不进行整枝密植的,一般春播每亩产 1500～2000 千克;进行整枝密植的,春播每亩产 3000～4000 千克。

5.留种

落葵为自花授粉植物,留种比较容易,可不隔离。一般以春播植株作留种株,行株距可加大到(40～60)厘米×(30～40)厘米。在田间选择生长势强、健壮无病、叶片大而肥厚柔嫩、软滑细腻、符合本品种特征的植株。于 6 月中旬茎蔓伸长时摘心,促发新梢成蔓,多生分枝。在开花始期,拔除不符合本品种的植株,花后 1 个月即可采收种子。由于落葵陆续开花结籽成熟,果实成熟后会自行脱落,所以要分期分批及时采收。将成熟种子收后晾干贮藏在布袋中。成熟种子的发芽年限可长达 5 年。

6.食用方法

落葵的嫩茎叶、幼苗均可食用,其色泽油绿,气味清香,爽口柔滑,风味独特,酷似木耳,因此得名木耳菜。热炒、烫食、凉拌均可,与豆腐或鸡蛋煮汤,再配以虾仁,所做汤菜色、香、味俱全。

注意事项:落葵不适宜脾胃虚寒患者食用,孕妇应慎食。烹调时适宜素炒、大火快炒,时间过长易出黏液,不宜放酱油。

八、菜用甘薯

甘薯,学名 *Ipomeoa batatas* Lamk,别名地瓜、山芋、番薯、红薯,是旋花科甘薯属一年生作物,是世界上重要的粮食、饲料、工业和生物能源用作物。菜用甘薯是指地上分枝多、茎叶生长快、再生能力强、茎端茸毛少、无苦涩味、口感嫩滑、营

图 4-8 菜用甘薯

养丰富的甘薯品种。一般把甘薯蔓茎生长点以下长 12 厘米左右的鲜嫩茎叶作蔬菜用。

过去,甘薯茎叶只用作猪饲料,饥荒年才有人食用;如今,菜市上却常见到把甘薯嫩茎叶当作蔬菜出售。菜用甘薯是一种营养均衡、保健作用强、口感风味好的新鲜绿色保健型蔬菜,在发达国家和地区特别受欢迎,在香港被誉为"蔬菜皇后",日本尊其为"长寿菜",美国把它列为航天食品,医学界将其列为抗癌蔬菜之一。

1.营养保健作用

(1)营养成分 据中国预防医学科学院检测,与菠菜、芹菜、大白菜、小白菜、韭菜、花椰菜、黄瓜、南瓜、冬瓜、莴苣、甘蓝、茄子、番茄、胡萝卜等 14 种蔬菜相比,在蛋白质、脂肪、碳水化合物、热量、膳食纤维、钙、磷、铁、胡萝卜素、维生素 C、维生素 B_1、维生素 B_2、烟酸等 13 项营养成分中,菜用甘薯叶均居榜首。2005 年世界卫生组织把甘薯叶列为 13 种最佳蔬菜之首。甘薯茎尖含有丰富的氨基酸,包括人体必需的 18 种氨基酸。与 21 种常见蔬菜相比,其氨基酸总量位居第一,分别是茴香、菠菜、茼蒿、韭菜、芫荽、蒜苗、香椿的 1.3、1.4、1.6、1.6、1.7、1.8、1.9 倍,是空心菜、油菜、小白菜、大白菜、甘蓝的 2～3 倍,是胡萝卜、茄子、丝瓜、芹菜、生菜、番茄、黄瓜的 4～5 倍,是南瓜、冬瓜的 6～9 倍。甘薯茎尖的亚硝酸盐含量低于 4.0 毫克/千克,符合我国无公害蔬菜亚硝酸盐的限量标准;硝酸盐含量符合 1 级蔬菜限量标准。

(2)保健功能 甘薯茎叶具有补虚益气、健脾强胃、益肺生津、补肝明目、延缓衰老等作用。甘薯茎叶含有丰富的纤维素和果胶,能刺激消化液分泌及肠胃蠕动,润滑消化道,并能预防便秘;促进肠管中致癌毒物的排泄,减少肠癌的发生。甘薯叶有抑制病菌增殖的作用,甘薯叶提取液能够有效地防止细菌和病毒的繁殖,其中的水溶性膳食纤维已经被证实可以降低餐后血糖含量,降低肝部胆固醇和血清中血脂含量。甘薯叶含多酚,能清除氧自由基,减少危害,提高机体的免疫力。甘薯叶中的咖啡酸具有显著抑制破骨细胞形成的作用,进而可以预防骨质疏松和骨骼炎症。

甘薯茎叶还有修复肝损伤、减肥、减缓人体机能衰老、抗高血压、止血、降低胆固醇、抑制肿瘤生长和抗突变等作用。日本国立癌症预防研究所对 40 多种蔬菜的抗癌成分分析和抗癌试验表明,甘薯嫩茎叶在具有防癌保健作用的 12 种蔬菜中功效居首位,被誉为"抗癌之王"。

2.特征特性

(1)植物学特征　菜用甘薯的根系发达,主要分布在5～30厘米的土层。须根有许多根毛,幼根发育过程中如遇不良条件,不能继续增粗形成柴根。块根呈纺锤形,薯皮白色,薯肉微黄色。

茎蔓细长,多条分枝,茎上有节,节间长2～3.8厘米。茎蔓表面光滑,有光泽,绿色,茎蔓的节上都能发根长成独立的植株。

叶为单叶,无托叶,叶片螺旋状排列于茎节,叶柄长3～12.8厘米,叶片淡绿色,心脏形,全缘,叶宽5～10.6厘米,长7～10.7厘米,叶脉以主脉为中心向两边分散,叶脉绿色,叶柄基部绿色。

花型较小,花柄长,从叶腋抽生,丛集成聚伞状花序或花单生,淡红色,花萼5裂,花冠似漏斗,雌蕊1枚,柱头2裂,子房2～4室,雄蕊5枚,长短不齐着生于花冠的基部,花粉囊2室,呈纵裂,花粉粒为球形,表面有许多乳头状的小突起。异花授粉,自然结实率很低,花期长,只开花不结实。

(2)生物学特性　菜用甘薯对温度的要求较一般粮食作物高,温度高于15℃才能开始生长,18℃以上才可正常生长。在18～32℃范围内,温度越高根系生长越快,超过35℃时植株生长受阻。其生长适温为20～30℃,在10℃以下茎叶生长明显受阻,霜冻会冻伤植株地上部或导致植株死亡。

菜用甘薯对土质要求不严格,在pH 4.2～8.3范围内的土壤中均能生长。耐旱、耐贫瘠,能抗拒暴风雨的冲涮。在土层深厚、保水保肥、土质疏松、通气性良好的砂壤土或壤土中生长良好。

对水分需求量大,在茎叶生长盛期土壤含水量以60%～80%为宜,水分过多会影响根系的生长。

喜光,不耐阴,光线不足易导致叶色发黄、叶片脱落。短日照(日照时数8～10小时)能诱导开花结实,较长日照(13小时)可促进植株营养生长。

3.主要品种

适宜食用的叶用甘薯品种应具备以下特点:嫩梢和嫩叶口感柔嫩,清香,适口性好,色泽鲜艳,无茸毛;植株生长旺盛,腋芽生长力强,嫩茎叶产量高。目前主要有京薯4号、鲁薯7号、台农71、福薯7-6等品种适合作叶用种植。

4.栽培技术

(1)栽培季节及栽培方式 菜用甘薯在适宜的气候条件下可终年生长。我国南北气候条件差别很大,但气温稳定在15℃以上就可栽培。南方无霜期较长,多作露地栽培。菜用甘薯一般作一年生栽培,可在新开垦地或没有改良的薄地栽培。在新开辟的果园、经济幼林中套作,能取得较好的效益。

(2)繁殖方法 菜用甘薯多采用块根或茎段繁殖。块根没有休眠现象,只要外界条件适宜,即可出苗。温度为育苗的重要条件,在16~35℃之间温度越高薯块发芽越快、越多。短时间的35℃高温可促进薯块伤口愈合,从而有效地防止苗期软腐病和黑斑病的发生。

早春一般直接剪取茎蔓栽培,也可育苗移栽。育苗一般在2月份进行,应选择整齐、均匀、无瘤、无伤、无冻害和虫害的薯块。苗床宜选择背风向阳、地势高、排水良好、靠近水源、土质肥沃、无病虫害、两年内没有种过甘薯的土地。

排种可采用斜排、平放、直排,以斜排为主,但应尽量保持薯块上齐下不齐,促使薯苗生长苗壮、均匀一致。排种后覆盖3~5厘米厚的细土,并淋透水。出芽前用塑料薄膜覆盖,出芽后改用小拱棚覆盖。移苗前揭去塑料薄膜,炼苗1周,促其健壮。在夏、秋季栽培时一般直接剪取茎蔓定植于大田。

(3)定植 菜用甘薯适应能力强,对土壤要求不严格。但良好的土壤条件有利于提高品质与产量。栽培前施足基肥,每亩施入腐熟有机肥2000～3000千克。一般以1.7米宽刨沟起畦,株行距为30厘米×30厘米,每亩栽培8000株。可采取直栽、斜栽、船底形栽等方式进行定植。一般多采用深栽直栽形式,可有效保苗,促进根系生长,抑制地下块根的肥大,促进养分主要积累在茎叶中。定植应选择晴朗天气午后、阴天或雨天进行。定植后淋透定根水,若遇连续高温或光照强的天气,要每天淋水,并防止过高的土温灼伤薯苗。

(4)田间管理

①肥水管理。

一是要结合浇定根水施定根肥,促进早发棵。肥料可选择腐熟的人畜粪或复合肥,一般每亩施复合肥5～8千克。菜用甘薯生根快,根系发达,施用定根肥可促使幼苗在次日或第3天吸收到养分。

二是要勤施、适当重施。一般情况下,甘薯栽培后10天左右根系基本形成。如果温度适宜,20天后茎蔓即开始覆盖地面封垄。茎蔓紧贴地面,茎节遇土生根,吸收能力很强,所以充足的肥料供应对促进植株生长、增加产量是十分重要的。一般每隔10天需追肥1次,追肥量和叶菜类相比可适当增加一些,追肥以腐熟的人畜粪水加复合肥或尿素为佳。

三是要增施有机肥。甘薯叶菜连续采收期长达8个月,因此,在追肥的同时每隔1个月需增施1次有机肥,并以花生饼粉或豆饼粉为好,通常每亩施30～40千克。注意结合施肥进行适当的培土或淋水。追肥也可用腐熟的厩肥,每亩施750～1000千克。

四是要在秋后增施叶面肥,可选用磷酸二氢钾、尿素等,以促进生长和提高品质。

菜用甘薯虽耐旱,但其叶片生长繁茂,水分蒸发量大,为提高产量应注意适当补充水分。同时要防止涝渍,高温多雨季节应及时清沟排水。

②松土和培土。一般栽培2～3天后即要查苗、补苗,力争全苗。在生长前期,茎蔓未封垄,杂草较多,且土壤常因浇水和受雨水冲刷

而板结,应结合除草进行松土和培土。菜用甘薯生长期长,垄面茎蔓交错,茎节部根常裸露,应每隔1个月培土1次。培土宜在晴天进行,将垄沟的冲积土松起,压碎,混入有机肥,均匀地覆盖在垄面的茎蔓上。在采收后期,如果茎蔓交错过于严重,培土都难以覆盖茎蔓,可适当剪除过多的茎蔓,再进行培土。

(5)**病虫害防治** 为害甘薯叶菜的主要虫害为甘薯天蛾、斜纹夜蛾等。在防治上,既可诱杀成虫,又可喷药防治。一般每亩用3%乐尔颗粒1.5~2.5千克撒施或905巴丹可湿性粉剂1000~2000倍液等喷施防治。斜纹夜蛾的防治要注意在2龄期虫没有扩散时进行。

5.适时采收

菜用甘薯在主茎长40~50厘米时即可采收嫩茎上市。通过采收茎叶可有效地调节茎叶与根系养分的分配,阻止营养成分向根系转移。产品一般以长10~15厘米、具6片小叶、用手折断脆嫩不带丝为宜。采收时应避免损伤嫩叶,以免产品发黑,影响外观。同时,宜松散排放,防止发热灼伤嫩梢芽点和嫩叶。

一般从3月份开始,每隔10~15天采收1次,一直可采收至11月下旬,采收期达6个月以上。若冬季霜冻天气少,则可四季采收。采收可每天进行,早上采收比下午采收好。每亩产量为3000~4000千克。

6.越冬种苗管理

菜用甘薯喜温,当外界气温低于15℃时就会停止生长。在冬季遇霜冻时,植株地上部会干枯或因冷害而生长不良。在生产上,可剪取茎蔓置于温室中越冬或挖取地下块根留种。留种应选择外皮光滑均匀、无病虫害、无冻害与伤害的薯块,放在12℃左右环境中贮藏,以抑制薯块发芽,供次年1~2月份栽培育苗使用。在南方温暖地区一般稍加塑料薄膜覆盖,种苗即可在室外越冬。

7.食用方法

菜用甘薯的甘薯叶和嫩梢味甘、质滑、可口,宜炒食,适合大多数人的口味。如蒜茸甘薯叶菜:甘薯叶菜 200 克,洗净,切去茎基部变黑的部分,以花生油起锅,加入蒜茸快火炒 2～3 分钟,调味即可。罐头鳗鱼炒甘薯叶菜:甘薯叶菜 200 克,洗净,切去茎基部变黑的部分,以花生油起锅,加入蒜茸、适量的罐头鳗鱼,炒半分钟后,加入甘薯叶菜炒 2～3 分钟,调味即可。

注意事项:一般人群均可食用菜用甘薯叶,但肠胃积滞者不宜多食,胃溃疡和胃酸过多者、糖尿病病人不宜食用。

第五章

强化营养型保健蔬菜栽培技术

为了补充或丰富人体所需的各种营养元素,满足人们对营养的新要求,积极开发强化营养型保健蔬菜无疑是一条重要途径。

所谓"强化营养型保健蔬菜",就是利用蔬菜进行生物转化或合成,将蔬菜中原先没有的营养元素生产出来,进一步提高营养元素的含量、转变成人体可以吸收利用的形式、有利于降低对人体健康有潜在危害的成分,从而达到促进人体健康的目的。这种转化的途径丰富,方法简便易行,很值得推广,通过这种方法生产的有机蔬菜符合21世纪人们对食品质量的要求,发展前景广阔。

一、强化营养型蔬菜的含义和作用

简单地讲,强化营养型蔬菜就是正确应用栽培技术措施,使同种类蔬菜的营养超过常规水平,即普通蔬菜富营养化。主要包括增加蔬菜维生素和微量矿物质含量,但目前利用栽培技术做到的仅仅是增加矿物质微量元素的含量,所以,强化营养型蔬菜又是指含微量元素较高的优质蔬菜。本节所介绍的强化营养型蔬菜栽培就是提高普通蔬菜中矿物质微量元素含量的实用技术。

1. 微量元素对人体健康的影响

很多地方性疾病都是因为人体无法得到足够量的微量元素而导

致的,如人体缺碘易引起甲状腺肿疾病。美国在这方面做了深入细致的研究报道,早在 20 世纪 80 年代,美国就提出了不同年龄、不同性别的人每天所需的微量元素数量。根据各种食品所含微量元素的成分,又提出了不同微量元素的食物来源。根据其含量、人体吸收难易程度,又把这些微量元素的来源分为丰富来源、良好来源和一般来源。

2.微量元素对蔬菜生长发育的影响

在生产实践中,蔬菜会表现出缺乏某一微量元素的缺素症状,而当得到施肥补充后则会得到明显的改善。美国很早就研究出利用土壤测试植株中酶的活性、组织学诊断等方法判断土壤中微量元素的丰缺状态,并将其作为施用微量元素的依据;同时,详尽地描述了农作物缺乏微量元素的各种症状表现,以及各种微量元素在土壤中的存在状态,为科学施肥打下了基础。

二、开发强化营养型蔬菜是现代农业发展的要求

在中国农业发展路线图中,农业高产技术(化肥、农药、基因工程)、绿色技术(无公害、绿色、有机)和功能农业技术(营养化、功能化)成为农业科技的三个里程碑,其中功能农业技术目前处于农业科技的金字塔塔尖。根据农业科技发展规划要求,到 2050 年我国一半以上的农产品都应具备功能性,以满足改善人们健康的更高需求。开发强化营养型蔬菜是功能农业发展趋势的必然要求。

功能农业是指农产品的营养化、功能化。它是通过生物营养强化或其他生物技术手段使农产品具备保健功能性,是未来几十年农业发展的重要方向。例如,富硒农产品具有食用和保健双重功能,价格一般比普通农产品高 1 倍,是生态高值农业的具体代表。

功能农业是以农产品中含有功能性物质为基础,以满足消费者健康需求为目的,是以生物技术服务高科技农业的典型。根据未来走势,在 2020 年,功能性明确的农产品将出现;2030 年,多样功能性

农产品开始登陆市场;2040 年,根据个人需求的个性化功能农产品将成为主角。这一表述来自于《中国 2050 年农业科技发展路线图》,它指明了未来农业科技的发展方向,也符合农产品走向优质化、营养化、功能化的整体目标。

三、我国蔬菜中微量元素的营养现状

人体生长发育所需的微量元素基本上依靠日常饮食提供,其中绝大部分来自于蔬菜。由于受蔬菜生产、运输等条件限制,人们常食的蔬菜基本上是当地或某一固定地区生产的。如果这些蔬菜产地的土壤缺乏某种微量元素,则蔬菜中也会缺乏,食用的人如果没有其他补充途径,则很容易因缺乏这种微量元素而影响身体健康。

我国土壤中微量元素分布不均衡,缺乏微量元素的种类多、地区广,所以蔬菜中含的微量元素也比较贫乏,营养价值受损。然而,对提高蔬菜营养成分的研究很少,对蔬菜微量元素含量的强化问题研究更少。为了赶上世界水平,解决国人身体营养缺乏问题,宣传、研究、推广蔬菜强化营养栽培工作非常重要。

四、强化营养型蔬菜栽培技术的理论根据

1.土壤中的微量元素与植物体中的微量元素含量呈正相关

20 世纪 80 年代美国几位著名的农业、营养科学家曾断言:对缺乏矿物质的土壤进行改良,可以提高植物的矿物质价值。对不同国家、地区的同一蔬菜微量元素进行化验分析,结果也证明了上述论断。在富锌的土壤上,枸杞的含锌量为 0.48 毫克/100 克,而在缺锌的土壤上,枸杞的含锌量为 0.21 毫克/100 克。这一分析结果也表明:利用施肥技术可以大幅度地提高枸杞中的微量元素含量,并能够明显强化其营养。

2.植物被动吸收微量元素倾向性明显

20 世纪 70 年代英国的土壤学家曾断言:植物对土壤中大多数微量元素的吸收是被动的,即土壤中有效微量元素可以不经选择而直接进入植物体内。这些论断证明了一点:利用施肥技术增加土壤中微量元素含量,可以提高蔬菜中的微量元素含量,具有强化营养的作用。

近年来,我国科学工作者也在甘蓝等作物上进行了强化营养的尝试。山东济南农科所利用锌肥做试验,结果表明:甘蓝施锌不仅可以增产 18.5%,还可使甘蓝的含锌量由 0.173 毫克/100 克提高到 0.212毫克/100 克,提高幅度达 22.5%以上。黑龙江省的科研人员也研究了硒肥,利用施硒肥技术可以使水稻、小麦、玉米、大豆等作物的含硒量大幅度提高。

3.微量元素施用技术的成熟性

20 世纪 70 年代末期至今,我国蔬菜无土栽培研究开展得广泛而深入。在无土栽培中,微量元素施用技术已日趋成熟。近年来,利用微量元素施肥以求蔬菜增产的研究非常广泛。市场上,已有无数种微量元素肥料在销售,这就是说蔬菜上施用微量元素肥料技术已经成熟。

利用成熟的微量元素施肥技术在蔬菜上大量应用,其目的主要是增加其营养成分,而不考虑其增产效果。这就是蔬菜的强化营养栽培技术,实质上是从另一角度上利用微肥施用技术。技术是相同的,但考虑的效果却不同。

在蔬菜强化营养栽培和一般栽培中,施用微量元素肥料技术相同,不同点在于前者是必须施用,是强制性的;后者可施可不施,是根据人力、物力条件而定的。

上述内容表明,蔬菜栽培中利用施微肥技术可以提高蔬菜的微量元素含量,蔬菜强化营养栽培技术是可行的。

五、微量元素施用应注意的问题

在强化营养栽培中,蔬菜从土壤中吸收的微量元素很少。每公顷作物一般平均吸收锰525克、锌225克、铜52.5克、钼7.5克、钴0.75克。因而,施用量也非常少。微量元素的需要量虽然少,但却不能缺少,也不能用其他大量元素肥料代替。由于土壤中微量元素肥料的缺乏量和过量毒害量的界限相差很小,如果不采用科学的施肥技术,往往会造成因过量而产生毒害,如此不仅降低产量,甚至引起人畜中毒。所以施用微量元素肥料应严格注意如下事项。

1.微量元素在土壤中存在的变化规律

如果不了解微量元素在土壤中存在的变化规律,就很难采用科学的施肥方法,很容易因施用过量而产生毒害。

(1)土壤元素中微量元素的总含量与有效含量 一般来看,土壤中微量元素总含量较多。真正缺少某种微量元素的情况较少。这些微量元素在土壤中均以多种形态存在,有的以盐离子状态存在,有的以酸根态存在,有的以氧化物存在,其化合价也各异;大多数微量元素以各种形态与多种有机物形成络合物存在,也有的存在于有机物中。土壤中微量元素的存在状态特点为可溶于水的较少,不溶于水的较多。对植物来说,可吸收利用的有效微量元素含量很少,不可吸收利用的无效的微量元素含量居多。如硼在土壤中有效的含量仅占总量的5%;钼在土壤中有效的含量仅占总量的10%~20%。这些微量元素在土壤中存在的状态不是一成不变的,而是随着田间环境变化而发生变化,往往呈动态平衡的变化。在进行强化营养栽培时,应考虑这一规律,合理施用。

(2)微量元素之间的关系 微量元素之间有可替代性。据美国科研人员研究发现,当钼缺乏时,钡和钨可以代替钼。在利用根外追肥和营养液施肥时,多种微量元素混用会造成某些微量元素的沉淀,失去有效性。如硫酸亚铁用作微肥施用时,很容易和其他碱性物质反应而沉淀失效。所以,在施肥时应根据各自特性选择混用或单独施用,以免失效。

(3)土壤与微量元素之间的关系 土壤的某些化学性质能直接影响微量元素的有效性和植物的吸收量。土壤的 pH 可控制微量元素的溶解度,影响其对植物的有效性。在中性或碱性土壤中,常会缺乏阳离子微量元素(铜、铁、锌、锰)。反之,阴离子微量元素含量与 pH 成正相关,如钼、硼等的有效性随 pH 的升高而增加。土壤中 pH 每增加一个单位,铁的有效性降低 1‰,锰的有效性降低 1%。石灰质土壤或土壤中增施石灰,往往使土壤 pH 高于 7,会造成阳离子微量元素缺乏。这是由于石灰质土壤中的碳酸钙或碳酸镁能吸附阳离子微量元素。但是土壤 pH 高于 7 会使阴离子微肥的有效性提高。如土壤在施用石灰时,会降低钴、镍、锰、铁、铜、锌等微量元素的有效性,而使硼、钼的有效性增加。

土质与微量元素的含量关系。细质土比粗质土含有的微量元素丰富。黏土比砂土含有的微量元素丰富。所以含砂多、黏土少的土壤中往往缺乏微量元素。

土壤有机质含量与微量元素有效性之间是正相关的。有机质丰富、施用有机肥多的土壤中,有效微量元素的含量较高。

土壤中微生物的含量也影响微量元素的有效性。一般情况下,土壤中有机质多,则微生物亦多,营养元素的分解转化就快,因而,可提高大部分微量元素的有效性。

土壤中大量元素的含量也会影响微量元素的有效性。土壤中大量施用过磷酸钙,可导致锌的有效性大大降低。施氮量过高也会引起缺锌,这是由于根中含有的较多蛋白质氮能与锌生成锌蛋白络合物的缘故。施用的氮、磷、钾化肥的 pH 各有不同,也会影响土壤中微量元素的有效性。

总之,土壤中的多种理化因素都会影响微量元素的有效含量。施用微肥时,一定要注意调节。

2.气候与微量元素的关系

在雨季土壤含水量过大或排水不良的情况下,土壤中钴、铜、锰、镍、锌的溶解度增加,微量元素的有效性提高。在地温低、天气寒冷的保护地栽培土壤中,微生物活动弱,多种微量元素的有效性降低,蔬菜易表现出缺乏微量元素症。而在温度条件较高的情况下,微生物活动强,土壤矿化作用高,则微量元素有效性增加。

3.作物与微量元素的关系

绝大多数作物对微量元素的吸收是被动的,即土壤中微量元素的有效量决定了作物中的微量元素含量。但是,不同作物对微量元素的利用量不同。利用量多时,土壤中微量元素进入作物中的也多,这就导致了不同作物种在同一地块上时,其微量元素含量也有很大差异。除此之外,在同一地块上种植不同的作物时,其栽培技术也大相径庭,致使土壤的理化性质发生变化,使微量元素的有效性时刻变化。如水稻田土壤中水多缺氧,处于还原状态,从而导致铜、锌等的有效含量下降,而铁的有效含量大幅度增加。不同作物的根系也不同程度地影响土壤的理化性质,从而影响微量元素的有效性,导致作物吸收微量元素能力有差异。如豆科作物吸收土壤中的铁比禾本科作物就多。

4.施用方法与微量元素的关系

(1)施用量与毒性 大多数微量元素肥料有毒性,如硼酸、钼酸铵、硫酸锌等,都对人、畜有毒;铬、钴、硒等微量元素对人、畜有剧毒。这些微量元素施用过量时,轻则使作物减产,重则使人、畜中毒,所以在施用时应严格按照规定,不能超量,在施肥过程中注意操作方法,勿使其进入人的眼、口中。种子处理后，不能再做食用，防止中毒事件发生。

（2）施用深度与年限 微量元素肥料施用时应根据其不同的特性而施在不同深度的土层中。锌肥在土壤中不易扩散，易被土壤固定在施用层中，所以施锌肥时应施在蔬菜根际附近，以沟施为宜。锰肥在土表层易退化而失效，应深施在根际附近。硼肥在土壤中扩散较容易，施用方法则不受局限。很多种微肥在土壤中残效期很长，施用后具有多年肥效而不用年年施肥。如钼肥的残效期为 2～15 年，铜肥的残效期为 3～5 年，锌肥在土壤中也有残效，不必年年施肥。

六、强化营养型蔬菜栽培的前期准备工作

1.土壤和蔬菜的化验分析

为了有的放矢地施用微量元素肥料，在进行强化营养栽培时，应首先进行土壤的化验分析。对于土壤中缺乏的微量元素，应进行施肥。对于含量丰富的微量元素，则没有必要再施用。

在强化营养栽培前也应对蔬菜产品进行化验分析。对于蔬菜中含量少或不含的微量元素，在栽培中应多施，而含量较多的微量元素可以不施。

通过化验分析，还可避免因土壤中个别微量元素含量过高而引起人、畜中毒现象的发生。

2.施用微量元素肥料试验

在确定了施用微量元素的种类后，还要进行施用方法的试验。施用一种微量元素的方法有土壤施肥、施种肥、根外追肥等。每种方法施用的量和浓度各有不同值；施用的次数可以是一次或多次；施用的时期也各不相同。这些都要进行多方面试验，从中确定一个施用简便、成本低、效果好的方案。效果好坏应从两方面衡量。一是蔬菜

中微量元素含量的增加情况,这是主要的方面。只有使蔬菜中微量元素含量大幅度增加才是效果好。二是增产效果。有增产效果最好,没有增产效果也行,但是不能造成减产。在进行施用方法试验中,一定要避免造成对蔬菜植株和人、畜的毒害现象发生。

七、产品的化验分析与宣传

1.产品化验分析

对收获后的强化营养型蔬菜产品进行化验分析,无论是从施肥效果还是从销售的角度上看都是十分必要的。

(1)**施用效果检验** 分析施用微量元素技术的效果,从而为改善施用方法创造条件。良好的施用方法应使产品中的有益微量元素在安全范围内提高,有益于人体健康,有利于提高产量,并保证施用方法简便、成本低。

(2)**蔬菜质量检验** 通过化验了解和掌握蔬菜微量元素含量强化的情况,从而为该项技术继续施行和新产品的开发奠定基础。如果蔬菜中微量元素含量大大提高了,对人体确实有益,则证明该技术有实用价值,有社会意义。通过对产品的化验分析,也可避免因微量元素过量而引起的人、畜中毒现象的发生。

(3)**宣传推广需要** 含微量元素较高的强化营养型蔬菜的化验结果,是提高强化营养型蔬菜的知名度、促进人们消费的重要信息。只有广大消费者认可,强化营养型蔬菜栽培才有经济价值,才有发展前途。所以说产品化验分析是进行舆论宣传的保证。

2.舆论宣传作用

强化营养蔬菜是新生事物。这一名词在国内鲜为人知,刚开始不一定能被广大消费者接受。强化营养型蔬菜中各种微量元素的益处很多,需要深入宣传,让人们普遍了解,为迅速扩大市场、扩大消费群体、扩大栽培面积以及推动强化营养型蔬菜事业的发展提供强有力的保障。

在口感和外观方面,强化营养型蔬菜的优势很难表现出来,与一般蔬菜无异。多数人也不了解丰富的微量元素对人体的益处。因此,应通过各种新闻媒介大量宣传,让人们了解强化营养型蔬菜的营养价值和对人体的良好作用,刺激人们的购买欲望,打开它的销路。销路畅通,身价提高,价格自然也就上扬,生产者的经济效益也就会大幅度提高。正如国际上的芦笋、洋葱等畅销蔬菜一样,当人们发现并宣传了其防病、健身的药用价值后,它们的价格才倍增起来。

八、蔬菜富硒技术

1.意义

硒是人体不可缺少的微量元素之一,被医学界和营养学界称为"生命的火种"、"视力、细胞、肝脏的保护神"、"有害重金属的解毒剂"和"防癌之王"。人们对硒的认识程度没有其他微量元素高,但是其作用却不能小视。中国土壤缺硒比较普遍,目前只有少数几个地方是富硒区,如湖北恩施。由于硒的无机盐有毒,施用过量易造成人、畜中毒,所以应用技术严格,一直未能大面积推广。

从膳食中摄入足量的硒已引起人们的重视。各种食物中的含硒量都很低,这与土壤中含硒量低有关。在食物烹调过程中还会损失部分硒,所以饮食中很容易缺硒。富硒蔬菜中的硒都是以有机硒的形态存在的,这种硒对生命健康是最直接有效的,具有很强的保健作用,能极大增强人体各种生理功能。

2.培育机理

富硒蔬菜,是指在富含硒的土壤环境中或者在运用生物工程技术制造的富硒环境中种植的蔬菜。通过蔬菜叶片的光合作用,将无机硒吸收并转化为生物有机硒,从而富集在蔬菜中,培育富硒蔬菜。富硒蔬菜中的硒含量在国家标准规定的最高限量范围内,比普通的同类蔬菜的硒含量显著提高。

3.硒肥使用

硒肥主要包括有机硒、硒酸盐和亚硒酸盐等。蔬菜中硒的含量与土壤中硒的含量有关。目前在富硒蔬菜的开发研究上,应用较多的是通过增施外源硒来提高蔬菜中的硒含量,适量硒肥还具有明显的增产、增质效果。

施肥方法主要有土壤施肥、叶面喷施、浸种或拌种等。土壤施硒肥是指直接向土壤中撒施硒肥,虽然能持久解决硒问题,但投资高,易污染环境,在生产应用方面有一定的局限性。叶面喷施具有便于操作、高效快捷等优点,可以减少土壤因素对施硒效率的影响,可以提高硒的利用效率。浸种或拌种能提高种子的硒含量,使蔬菜在苗期的硒含量就比较高,有利于后期的生长。

在胡萝卜施硒肥的研究中发现:对叶面喷施不同浓度的硒,能显著提高全硒、有机硒和无机硒的含量,施外源硒的浓度与蔬菜中积累的硒含量呈正相关。在大田蔬菜栽培中,有些生产措施会导致硒吸收量降低,比如用有色薄膜覆盖施硒肥的豌豆苗,会降低植株对硒的吸收量。因此,在生产中要采取有效措施提高蔬菜中的硒含量。

注意事项:蔬菜品种和生长阶段不同,硒肥施用量也有差异;施肥前应关注天气情况,施肥后遇暴雨会影响硒肥施用效果,短期中小雨有利于硒肥的吸收;因硒肥药液有毒,应严防药液入口、入眼,如果溅到皮肤上应迅速洗净。

4.效果

富硒技术和经营理念的运用,有利于提升蔬菜产业的高度。不少地方大力推广无公害、绿色、有机富硒豇豆、茭白、辣椒、萝卜、南瓜、茄子等蔬菜种植,创造富硒蔬菜品牌,发展优质外销富硒蔬菜产业,使富硒蔬菜生产进入了一个高效快速发展的产业化阶段。

近年来,上海市的科研单位开始研究和生产富硒甘蓝,并取得了可喜的成果。黑龙江省的科技人员研制成功了强化植物富硒剂,每亩利用 10～20 毫升加水 50 千克喷到小麦、玉米、水稻、大豆上,可使每千克粮食含硒量达 100～300 微克,每人每日食用 400 克这种粮食,即可满足人体对硒的需要。

九、蔬菜富钼技术

钼对人体健康有重要作用,成人每日需摄食 0.15～0.5 毫克的钼。正常的膳食中钼的含量并不少,特别是菜豆、菠菜、甘蓝、胡萝卜、芹菜等中的含钼量较高,只要食品的产地来源多样化,即可满足人体需要。但是由于受经济水平的限制,加上运输能力有限,农产品特别是蔬菜产品一般是当地产、当地吃。外地运销的蔬菜成本高,大多数人不能都食用。这样一来在一些土壤缺钼的地区,主要食用当地蔬菜的人缺钼就很难避免。所以缺钼现象在我国还是存在的。我国各地尚未见有含钼量过高而造成人畜中毒者,而缺钼地区较多。因此,采用强化栽培措施,增加蔬菜中钼的含量有一定的社会意义。人体摄取钼每日超过 10～15 毫克时,会发生中毒现象。一般强化营养栽培措施不会使含钼量超过中毒剂量。

1.钼肥种类

常用的钼肥有钼酸铵,含钼 54.3%,无色或浅黄绿色的棱形结晶,溶于水,水溶液为弱酸性,在空气中易风化失去结晶水和部分氨;钼酸钠,含钼 39.6%,白色结晶粉末,溶于水。目前常用的是钼酸铵。

2.施用方法

土壤施钼:每公顷施钼肥 750～1500 克作基肥。施用时把钼盐加到过磷酸钙中制成含钼过磷酸钙,每 3～4 年施用 1 次即可。

根外追肥:根外追肥时,先把钼酸铵用热水溶解,再用凉水兑成 0.02%～0.05%的溶液,在蔬菜的苗期和生长期各喷 1～2 次,每次每公顷喷施 600～1100 千克。

3.效果

据分析,一般蔬菜中的钼含量小于 0.010 毫克/100 克鲜菜。利用上述强化营养栽培技术可以大大提高蔬菜中的钼含量。

十、蔬菜富锌技术

锌对儿童的生长发育等方面有重要作用。成人每日需摄取 15 毫克的锌。食品中肉类特别是牛肉、海产品、禽肉等中含锌量较高。摄入过量的锌会发生中毒反应。成人每日摄入 2 克以上的锌即出现中毒症状。通常,农作物食品和蔬菜中的含锌量极少,不会引起摄入过量问题。

1.锌肥种类

目前生产上应用较多的锌肥是硫酸锌、氧化锌、氯化锌等,其中以硫酸锌施用最广泛。硫酸锌又名锌矾,含锌 22.3%,无色针状结晶或粉状结晶,易溶于水。一水硫酸锌含锌 35%,白色粉末结晶,溶于水。

2.施用方法

土壤施肥:每公顷用硫酸锌 11～15 千克,将其与有机肥料或生理酸性肥料混合均匀后施入土中,深翻入土,尽量施在蔬菜根际附近。避免与碱性化肥或草木灰混用,勿施在地表,因其流动性小,根系不易吸收。

种肥:蔬菜播种时,先开沟,沟中每公顷撒施锌肥 7.5 千克,不可随种下肥。也可用于浸种,可用 0.02%～0.05%硫酸锌溶液浸种 12 小时。

根外追肥:用 0.05%～0.2%硫酸锌溶液进行叶面喷施,每公顷用溶液 750～900 千克。

3.注意事项

硫酸锌有毒,施用不可过量。

4.效果

据济南市农科所 1989 年的试验结果显示,在甘蓝生长期喷 0.1%硫酸锌 3 次,可使锌含量由 0.173 毫克/100 克提高到 0.212 毫克/100 克,提高 22.5%。据各地化验资料显示,在缺锌土壤上生产的桔梗含锌量为 0.035 毫克/100 克,而在富锌的土壤上桔梗含锌量可达 0.91 毫克/100 克,增长了 26 倍。利用强化锌栽培技术有望大大增加蔬菜的含锌量,在一定程度上减缓我国人体的缺锌状况。

十一、蔬菜富铁技术

铁对人体健康有非常重要的作用。每个成年人每日需摄取 10～18 毫克的铁,女性和儿童应稍多些。食用过量的铁可致人体中毒,硫酸亚铁的中毒致死量为儿童 3 克,成人每千克体重 200～250 毫克。通常很少有因食物中含铁过量而致人中毒者,但施铁肥过多,可致蔬菜中毒减产。

1.铁肥种类

目前国内蔬菜施用的铁肥主要是硫酸亚铁,俗名铁矾、绿钒,其有效成分含铁 16.5%～18.5%,天蓝色或绿色结晶,溶于水,有腐蚀性,易吸湿,并被氧化成黄色或铁锈色。在干燥的空气中能风化,表面变成白色粉末,再被氧化成黄色或铁锈色。此外,铁肥还有硫酸亚铁铵,又名莫尔盐,其有效成分含铁 14%、氮 7%,透明蓝色结晶,溶于水,常温避光贮存时不发生变化。

2.施用方法

土壤施肥:在中性或碱性土壤上,铁极易被固定为溶解度很小的铁化合物,所以单独施用铁肥的效果不明显。一般将铁肥与农家有机肥(牛粪最好)混合施用。混合肥的调制方法是硫酸亚铁2~4千克,加水10千克溶解,喷洒于农家肥料上,混匀即可施用。

根外追肥:在定植后,用0.2%~1%的硫酸亚铁溶液喷洒,每15天1次,连喷2~3次。

3.注意事项

施用铁肥不可过量,过量则引起蔬菜中毒;在我国南方酸性土壤中不宜施用;在北方中性、碱性土壤中施用效果好。

4.效果

一般枸杞的含铁量为2.4毫克/100克。在土壤含铁量高时,枸杞的含铁量可达4.9毫克/100克。利用铁肥强化营养栽培技术,可使枸杞的含铁量提高1倍。该技术也可使其他蔬菜产生类似的效果,对补充人体缺铁有重要意义。

十二、蔬菜富钙技术

富钙蔬菜栽培就是通过栽培管理提高蔬菜的含钙量,生产富钙蔬菜,来解决少数人的缺钙问题。富钙蔬菜栽培技术为供应营养丰富、天然的保健蔬菜提供了一种新的途径,这一途径既价廉实用,又不会产生毒副作用。

1.蔬菜富钙栽培的可能性

蔬菜根系吸收钙是被动的过程,亦即根系不可能根据植株的需求主动地多吸收或拒绝吸收钙素。植株中的钙含量与土壤溶液中的钙含量有正相关关系。如土壤溶液中钙离子浓度为 1000 微摩尔时，番茄茎中的含钙量为 24.9 毫克/克干物质；100 微摩尔时对应的含钙量为 12.9 毫克/克干物质；10 微摩尔时对应的含钙量为 3 毫克/克干物质。

钙在植物体内的运输也是一个被动过程。钙在木质部中是随蒸腾流向上运输的。钙在植物体内的移动性较小，钙在老叶中沉积后就不能向生长点或新叶运转，所以新生器官易缺钙。

由上述分析可断定，在蔬菜栽培中，科学地管理、增施钙肥可使蔬菜各器官中的含钙量大幅度提高。如甘蓝的含钙量可由 49 毫克/100 克鲜菜提高到 86 毫克/100 克鲜菜；大白菜的含钙量可由 22.4 毫克/100 克鲜菜提高到 43 毫克/100 克鲜菜，芹菜的含钙量可由 39 毫克/100 克鲜菜提高到 118.4 毫克/100 克鲜菜。

2.蔬菜富钙栽培技术

目前常用的钙肥有过磷酸钙、硝酸钙、氯化钙、消石灰粉、生石膏等。常用的施钙肥方法有：

土壤施肥：在酸性土壤中，每亩可撒施石灰粉 50～100 千克，翻入土中；在碱性土壤中，每亩可撒施生石膏粉 50～100 千克。施用量应根据土壤的 pH 确定，以施后土壤 pH 接近 7 为度。中性土壤无须施用。

根外追施：在蔬菜生长期用 1% 过磷酸钙、0.1% 氯化钙或硝酸钙进行叶面喷施，每 5～7 天 1 次，连喷 2～3 次。

田间管理：在保护地栽培中，冬季应尽量提高地温；少施铵态肥料，多施硝态肥料；加强管理，促进根系旺盛生长，提高吸收能力；浇水要均匀适当。

3.适于施钙肥的蔬菜种类及施肥效果

几乎所有的蔬菜都适于增施钙肥,在土壤缺钙时,增产效果尤其显著。在土壤不缺钙时,利用根外追肥等施钙肥措施,亦不会引起副作用。钙供应过量一般不会出现毒性症状。

施钙肥后,蔬菜缺钙引起的一些症状如番茄、辣椒等的脐腐病,大白菜、甘蓝的黄叶病,芹菜的黑心病等均会减轻或消失,蔬菜中的含钙量也会大大提高。

含钙量高的蔬菜有黄豆芽(68毫克/100克鲜菜)、芸豆(62毫克/100克鲜菜)、扁豆(115.6毫克/100克鲜菜)、萝卜(54.6毫克/100克鲜菜)、韭菜(52毫克/100克鲜菜)、小白菜(85.2毫克/100克鲜菜)、甘蓝(86毫克/100克鲜菜)、菠菜(62.4毫克/100克鲜菜)、芹菜(118.4毫克/100克鲜菜)、芫荽(140.6毫克/100克鲜菜)、干黄花菜(463毫克/100克)等。通过施钙肥,上述蔬菜的含钙量还会提高。

十三、富硒辣椒施硒技术

1.培育机理

富硒辣椒是运用生物工程技术原理培育出来的。在辣椒生长发育过程中,对叶面和果面喷施瓜果型富硒增甜素,经过辣椒自身的生理生化反应,将无机硒吸入植株体内,转化为人体能够吸收利用的有机硒,富集在辣椒果实中而成为富硒辣椒。

生产富硒辣椒虽然用早、中、晚熟品种均可以,但以中晚熟品种为好,还应采摘老熟果,因为生长时间越长,吸收的硒就越多。

2.使用方法

用瓜果型富硒增甜素13克,加好湿1.25毫升,加水15千克,充分搅拌,然后均匀喷到辣椒叶面和果实表面上。一般在辣椒苗期、开花期、结果期分别施硒 1 次。苗期施硒最好在移栽前 5～7 天进行，每亩施硒溶液 15 千克，在开花期、结果期施硒时，每次每亩施硒溶液 30 千克。

3.注意事项

施硒时间最好选择在阴天和晴天下午 4 时后进行。喷施宜均匀，雾点要小，施硒后 4 小时之内遇雨，应补施一次。宜与好湿等有机硅喷雾助剂混用，以增强溶液黏度，延长硒溶液在叶面和果面的滞留时间，提高施硒效果。可与酸性、中性肥料混用，不能与碱性肥料混用，采收前 20 天停止施硒。

[1]中国农业科学院蔬菜花卉研究所.中国蔬菜栽培学[M].北京:中国农业出版社,2010.

[2]中国科学院农业领域战略研究组.中国至 2050 年农业科技发展路线图[M].北京:科学出版社,2009.

[3]G.S.巴纽埃洛斯等编著,尹雪斌等译.生物营养强化农产品开发和应用[M].北京:科学出版社,2010.

[4]刘新琼等.野菜开发与栽培技术[M].武汉:湖北科学技术出版社,2006.

[5]吴世豪.蒲公英的栽培与利用[M].北京:中国农业出版社,2003.

[6]宋元林等.蔬菜软化栽培技术[M].北京:中国农业出版社,2004.

[7]宋元林等.特种蔬菜栽培:中药菜用蔬菜[M].北京:科学技术文献出版社.2001.

[8]黄保健.特种蔬菜无公害栽培技术[M].福州:福建科学技术出版社.2011.

[9]刘炳仁等.特种蔬菜高产栽培新技术[M].天津:天津科学技术出版社.2006.

[10]曹华.保健农业项目与技术(蔬菜篇)[M].北京:科学普及出版社.2008.